Lehrstuhl für Werkzeugmaschinen und
Betriebswissenschaften der Technischen Universität München

Rechnergestützte Verfahren zur Geräuschminderung am Beispiel von Werkzeugen und Antriebsstrukturen

Helmut Hansmaier

Vollständiger Abdruck der von der Fakultät für Maschinenwesen der Technischen Universität München zur Erlangung des akademischen Grades eines

Doktor-Ingenieurs

genehmigten Dissertation.

Vorsitzender: Univ.-Prof. Dr.-Ing. S. Böttcher

Prüfer der Dissertation:

1. Univ.-Prof. Dr.-Ing. J. Milberg
2. Univ.-Prof. Dr.-Ing. K.-Th. Renius
3. Univ.-Prof. Dr.-Ing. M. Weck, RWTH Aachen

Die Dissertation wurde am 16.01.1992 bei der Technischen Universität München eingereicht und durch die Fakultät für Maschinenwesen am 22.07.1992 angenommen.

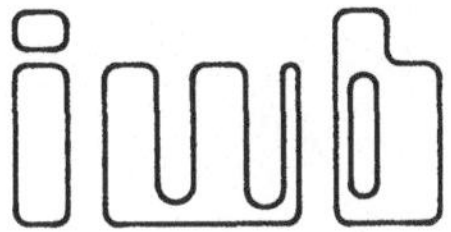

Forschungsberichte · Band 58

Berichte aus dem
Institut für Werkzeugmaschinen
und Betriebswissenschaften
der Technischen Universität München

Herausgeber: Prof. Dr.-Ing. J. Milberg

Helmut Hansmaier

Rechnergestützte Verfahren zur Geräuschminderung

Mit 67 Abbildungen

Springer-Verlag
Berlin Heidelberg GmbH 1993

Dipl.-Ing. Helmut Hansmaier
Institut für Werkzeugmaschinen und Betriebswissenschaften (iwb), München

Dr.-Ing. J. Milberg
o. Professor an der Technischen Universität München
Institut für Werkzeugmaschinen und Betriebswissenschaften (iwb), München

D 91

ISBN 978-3-540-56043-2 ISBN 978-3-662-26805-6 (eBook)
DOI 10.1007/978-3-662-26805-6

Gesamtherstellung: Hieronymus Buchreproduktions GmbH, München
62/3020-543210

Geleitwort des Herausgebers

Die Verbesserung von Fertigungsmaschinen, Fertigungsverfahren und Fertigungsorganisation zur Steigerung der Produktivität und Verringerung der Fertigungskosten ist eine ständige Aufgabe der Produktionstechnik. Die Situation in der Produktionstechnik ist durch abnehmende Fertigungslosgrößen und zunehmende Personalkosten sowie durch eine unzureichende Nutzung der Produktionsanlagen geprägt. Neben den Forderungen nach einer Verbesserung der Mengenleistung und der Arbeitsgenauigkeit gewinnt die Steigerung der Flexibilität von Fertigungsmaschinen und Fertigungsabläufen immer mehr an Bedeutung. In zunehmendem Maße werden Programme, Einrichtungen und Anlagen für rechnergestützte und flexibel automatisierte Produktionsabläufe entwickelt.

Ziel der Forschungsarbeiten am Institut für Werkzeugmaschinen und Betriebswissenschaften der Technischen Universität München (iwb) ist die weitere Verbesserung der Fertigungsmittel und Fertigungsverfahren im Hinblick auf eine Optimierung der Arbeitsgenauigkeit und Mengenleistung der Fertigungssysteme. Dabei stehen Fragen der anforderungsgerechten Maschinenauslegung sowie der optimalen Prozeßführung im Vordergrund. Ein weiterer Schwerpunkt ist die Entwicklung fortgeschrittener Produktionsstrukturen und die Erarbeitung von Konzepten für die Automatisierung des Auftragsdurchlaufs. Das Ziel ist eine Integration der technischen Auftragsabwicklung von der Konstruktion bis zur Montage.

Die im Rahmen dieser Buchreihe erscheinenden Bände stammen thematisch aus den Forschungsbereichen des iwb: Fertigungsverfahren, Werkzeugmaschinen, Fertigungsautomatisierung und Montageautomatisierung. In ihnen werden neue Ergebnisse aus der praxisnahen Forschung des iwb veröffentlicht. Diese Buchreihe soll dazu beitragen, den Wissenstransfer zwischen dem Hochschulbereich und dem Anwender in der Praxis zu verbessern.

Joachim Milberg

Vorwort

Die vorliegende Arbeit entstand während meiner Assistentenzeit am Institut für Werkzeugmaschinen und Betriebswissenschaften (iwb) der Technischen Universität München.

Zu besonderen Dank bin ich Herrn Professor Dr.-Ing. J. Milberg verpflichtet, der die Arbeit anregte, mich durch wertvolle Kritik stets unterstützte und mir durch ein großes Maß an gewährter Selbstständigkeit sein Vertrauen bewies.

Desweiteren danke ich Herrn Prof. Dr.-Ing. K. Th. Renius für die sehr aufmerksame Durchsicht der Arbeit und die Anregungen, die sich daraus ergaben.

Ebenso möchte ich Herrn Prof. Dr.-Ing. M. Weck, RWTH Aachen, für die gründliche Durchsicht der Arbeit und die Übernahme des Koreferates danken.

Der Fa. Aesculap AG, Tuttlingen, die chirurgische Geräte und Versuchswerkzeuge zur Verfügung stellte, bin ich ebenso zu Dank verpflichtet.

Weiterhin danke ich allen Studenten sowie allen Mitarbeiterinnen und Mitarbeitern des Lehrstuhls, die mir tatkräftig zur Seite standen.

München im Oktober 1992 *Helmut Hansmaier*

Inhaltsverzeichnis

Formelverzeichnis

Größe	Bezeichnung
Lateinische Buchstaben	
a	Zylinderradius
A	Regressionskoeffizient
A	Koppelmatrix Fluid-Festkörper
b	Breite
b_{eFV}	Kenn-Beweglichkeits-Wurzel zwischen den Stellen F und V
B	Regressionskoeffizient
B	Induktion
B_e	Kenn-Beweglichkeit
B'	Biegesteifigkeit einer Platte
B_{FV}	Beweglichkeit zwischen den Stellen F und V
c_B	Biegewellengeschwindigkeit
c_L	Longitudinalwellengeschwindigkeit
c	Schallgeschwindigkeit
c	Federsteifigkeit
C	Steifigkeitsmatrix
d	Durchmesser, Plattendicke, Abstand
d	Dämpfungskoeffizient
D	Dämpfungsmatrix
D_e	Lehr'sche Dämpfung
e	Basis zur Exponentialfunktion
E	Elastizitätsmodul
f	Frequenz
f_e	Eigenfrequenz
F	Kraft
g_e	Kenn-Systemverhältnis-Wurzel
G	Schubmodul
G_e	Kenn-Systemverhältnis
h	Übertragungsadmittanz
h	Dicke, Achshöhe
I	Schallintensität
$j = \sqrt{-1}$	imaginäre Einheit
k	Wellenzahl

K	Kompressionsmodul
l	Zylinderlänge
L	Pegel
L_I	Schallintensitätspegel
L_p	Schalldruckpegel
L_{pA}	A-bewerteter Schalldruckpegel
L_W	Schalleistungspegel
L_{WA}	A-bewerteter Schalleistungspegel
L_0	akustischer Pegel-Kennwert
m	Masse
m''	Massenbedeckung
n	Drehzahl
n_e	Kenn-Nachgiebigkeits-Wurzel
N_e	Kenn-Nachgiebigkeit
p	Schalldruck
P	Leistung, Schalleistung
q	Schallfluß
r	Radius, Entfernung
re	Kennzeichnung des Bezugspegels
r_0	Radius des Elementarstrahlers
Re	Reynoldszahl
s	charakteristische Länge
S	Oberfläche
Sr	Strouhal-Zahl
t	Zeit
T	Periodendauer
u	Anströmgeschwindigkeit, Umfangsgeschwindigkeit
v	Geschwindigkeit, Schallschnelle
$\dot{V}$	Volumenstrom
Z	Impedanz
Z_e	Eingangsimpedanz, mechanische Impedanz
Z_R	Strahlungswiderstand
Z_0	Schallkennimpedanz
x, y, z	karthesische Koordinaten
r, φ, τ	Kugelkoordinaten

Griechische Buchstaben

α	Einfallswinkel
ϵ	Dehnung
ϕ	Eigenvektor

Φ	Geschwindigkeitspotential
κ	Isotropenexponent
λ	Wellenlänge
λ	Eigenwert
μ_0	Induktionskonstante
ν	Querkontraktionszahl
π	Kreiszahl
φ	Winkel, Phasenwinkel
ρ	Dichte
σ	Abstrahlgrad
ω	Kreisfrequenz
η	Verlustfaktor
γ	kinematische Zähigkeit
γ_0	Oberflächenrauhigkeitsfaktor, Mach-Zahl-Exponent
ξ, η, ζ	tangentiale, radiale, axiale Zylinderkoordinaten

Indizes

$_a$	außen, Antrieb
$_B$	Biegewelle
$_{bez}$	bezogene Größe
$_e$	e-te Eigenform betreffend
$_{ges}$	Gesamtgröße
$_{gr}$	Grenzgrößen
$_F$	Kraft
$_{hieb}$	Hiebtöne
$_i$	innen
$_I$	Intensität
$_L$	Luft
$_{min}$	minimal
$_M$	Meßfläche
$_n$	Normalkomponente
$_0$	Bezugsgröße, Oberfläche, Normzustand
$_p$	Druck
$_R$	Rattern, Rauschen
$_S$	Schall, Struktur
$_v$	Schnelle
$_ü$	Übergang
$_W$	Leistung
$_\infty$	Umgebungsbedingungen

Sonderzeichen

$\dot{x}$, $\ddot{x}$	erste und zweite Ableitung nach der Zeit
$\underline{a}$	komplexe Größe
$\tilde{a}$	Effektivwert einer Größe
$\hat{a}$	Amplitude, Scheitelwert einer Größe
$\vec{a}$	vektorielle Größe
Δ	Differenzgröße
∇	Laplace-Operator
$\{\}$	Vektor
$[]$	Matrix
$\Re$	Realteil
$\Im$	Imaginärteil
$*$	konjugiert komplex

Abkürzungen

AFEM	Akustische-Finite-Elemente-Methode
ANSYS	Finite-Elemente-Programm
ASKA	Finite-Elemente-Programm
BEM	Boundary-Element-Method
BMGV	Boundary-Element-Mehrgitter-Verfahren
CYBER	Großrechner der Control Data Corporation
CRAY	Vektorrechner von CRAY-Research
DFEM	Direkte-Finite-Elemente-Methode
FEM	Finite-Elemente-Methode
FEMAG	elektromagnetisches Simulationsprogramm
FHG	Freiheitsgrad
FLOTRAN	strömungsmechanisches Simulationsprogramm
MPSS	Multi-Pol-Strahler-Synthese
MSC/NASTRAN	Finite-Elemente-Programm-Paket
MSC/mod	FEM-Pre- und Postprozessor
PATRAN	FEM-Pre- und Postprozessor
PHOENICS	strömungsmechanisches Simulationsprogramm
PROFI	elektromagnetisches Simulationsprogramm
REM	Rand-Element-Methode
SAP	Finite-Elemente-Programm
SAP_S	akustisches Simulationsprogramm © iwb
SEA	statistische Energie Analyse
SUPERB	Finite-Elemente-Programm
SYSNOISE	akustisches Simulationsprogramm
PSM	Punkt-Strahler-Methode

UVV	Unfall-Verhütungs-Vorschrift
VAR	Schallfeld als Variationsproblem formuliert
VAX	Workstation von DEC

1 Einleitung

1.1 Allgemeines und Problemstellung

„Eines Tages wird der Mensch den Lärm ebenso unerbittlich bekämpfen müssen wie damals die Cholera und die Pest“.[1]

Was KOCH um die Jahrhundertwende prognostizierte, ist heute traurige Wirklichkeit geworden. In allen Bereichen des täglichen und beruflichen Lebens dominiert der Lärm unter den störenden Umwelteinflüssen. Ursachen hierfür sind die ständige Leistungungssteigerung von Arbeitsmitteln und eine rapide Bestandszunahme technischer Geräuschquellen. Die zunehmende Geräuschbelastung führt so weit, daß die Lärmschwerhörigkeit heute als häufigste Berufserkrankung eingestuft wird. Andererseits ist festzustellen, daß sich die wissenschaftlich-technischen Erkenntnisse der noch recht jungen Disziplin „Maschinenakustik“ bei weitem noch nicht in der ganzen Breite in der Konstruktionspraxis niedergeschlagen haben. Zur Förderung des fachlichen Verständnisses und der akustischen Problemlösung wird in zunehmendem Maße versucht, dem Praktiker die Gestaltung geräuscharmer Produkte durch Lösungskataloge und Fallstudien zu erleichtern. Eine unveränderte Übernahme der oft empirisch gewonnenen schalltechnischen Lösungen von einem Maschinentyp auf den anderen führt jedoch nicht unbedingt zum Erfolg [19].

Während für die meisten ingenieurwissenschaftlichen Gebiete leistungsfähige Simulationsprogramme z. B. auf der Basis von Finite-Element- oder Randelementmethoden für die jeweiligen Problemstellungen entwickelt wurden, besteht bei der rechnergestützten Entwicklung geräuscharmer Maschinen Nachholbedarf. Die vorliegende Arbeit soll den Kenntnisstand der Geräuschforschung ergänzen, indem sie die Möglichkeiten und Potentiale einer rechnergestützten Lärmbekämpfung am Beispiel von Werkzeugen und Antriebsstrukturen der chirurgischen Orthopädie darstellt, aber auch gleichzeitig auf Grenzen hinweist.

In der chirurgischen Orthopädie finden spanende Bearbeitungsverfahren wie Bohren, Fräsen und Sägen bei Osteotomien und Osteosynthesen seit Mitte dieses Jahrhunderts häufig Anwendung [25]. Die Forderung nach geringen Materialverlusten,

[1]Robert Koch, Bakteriologe.

einer schnellen Durchtrennung des Knochens und einer geringen Wärmeentwicklung zur Vermeidung von Hitzenekrosen bedingt schlanke Sägewerkzeuge.

Der hohe Schlankeitsgrad führt zu Werkzeugen mit sehr ungünstigen dynamischen und akustischen Eigenschaften. Scheibenförmige Kreissägeblätter, die sowohl zur Osteotomie wie auch zum Trennen von Gipsverbänden verwendet werden, strahlen bereits im Leerlauf eine Schalleistung von ca. 90 dB ab. Das führt vor allem bei Kindern zu Schreckreaktionen und erschwert den Einsatz somit erheblich.

Für die im Vergleich zur Holz- und Metallbearbeitung extrem nachgiebigen Werkzeugstrukturen in der chirurgischen Orthopädie fehlen bisher systematische Arbeiten zur Optimierung ihres akustischen Verhaltens. Eine Übertragung von Ergebnissen aus der Holz- und Metallbearbeitung ist für chirurgische Kreissägeblätter mit Dicken im Bereich von 0,5 mm und wegen des oszillatorisch arbeitenden Antriebs nicht ohne weiteres möglich.

Neben den Werkzeugen trägt die handgeführte, elektromotorisch betriebene Antriebseinheit (Elektrowerkzeug) entscheidend zum Gesamtlärmpegel bei. Ursachen für die zunehmende Lärmbelästigung durch Elektrowerkzeuge sind in zwei Entwicklungstrends zu sehen. Zum einen wird durch eine immer höhere Drehzahl die Leistung gesteigert, was zu einer erhöhten Geräuschentwicklung führt. Zum anderen werden Elektrowerkzeuge zur Verbesserung der Handhabung immer leichter gebaut, was die Schallabstrahlung begünstigt.

Die in Industrie und Handwerk eingesetzten Elektrowerkzeuge erreichen Betriebsstundenanteile von über 50 % [58], welche die relevanten Werte zur Kontrolle von Lärmgrenzwerten prägen. Zwar liegt der zeitbezogene Einsatz von medizinischen Elektrogeräten wesentlich niedriger, da sie aber in Krankenanstalten oder Arztpraxen betrieben werden, wird der kurzzeitig auftretende Lärm als besonders störend empfunden, was Hersteller und Betreiber immer mehr mit dem Zwang zur Lärmminderung konfrontiert. Besonders bei Elektrowerkzeugen, die in Kliniken und Praxen eingesetzt werden, ist das Schwingungs- und Geräuschverhalten ein entscheidendes Qualitätskriterium im Wettbewerb und nimmt somit eine gewichtige Stellung im Problemfeld medizinischer Werkzeuge ein.

1.2 Stand der Technik

Um dem fachübergreifenden Charakter des Themas gerecht zu werden, erfolgt eine Gliederung nach

- der Optimierung geräuschintensiver Werkzeugstrukturen;

- der schalltechnischen Optimierung handgeführter Antriebseinheiten;
- der Entwicklung der strukturdynamischen und schalltechnischen Simulationstechniken;
- der Technologie der spanenden Bearbeitung von Knochen.

Zur Steifigkeits- und Geräuschoptimierung von Kreissägeblättern für die Holz-, Stein- und Metallbearbeitung sind in den letzten dreißig Jahren viele Beiträge geleistet worden.

SCHERGER [83] untersuchte das Trennen von Gestein mit Diamant-Trennscheiben. Als Anregungsursache für die Geräuschemissionen konnte er die Geschwindigkeitsanregung in axialer Richtung identifizieren. Eine Erhöhung des Verlustfaktors der Trennscheibe mittels Schichtbauweise sowie dämpfende Flanschausführungen, Dämpfungsringe und eine Kapselung bewirken eine Geräuschpegelsenkung um 10 dB(A). (Durchmesser der Trennscheibe 600 mm).

SALJE und BARTSCH [81, 2] beschreiben die Möglichkeiten zur Entwicklung schwingungs- und damit geräuscharmer Kreissägeblätter für die Holzbearbeitung. Den Untersuchungen folgend sollten die Sägeblätter körperschallgedämpft sein, wobei die Dämpfung am günstigsten durch eingezwängte Beläge erzeugt wird. Der A-bewertete Schalldruckpegel des Schnittgeräusches ist bei einem gedämpften Sägeblatt bis zu 10 dB(A) niedriger als bei einem ungedämpften Sägeblatt (Durchmesser 400 mm).

WESTPHAL [102] beschäftigte sich mit der Geräuschentstehung und -minderung an Kreissägeblättern für die Leichtmetallbearbeitung. Ring- und Ringnutdämpfer, die durch Kleben und Nieten am Werkzeuggrundkörper befestigt werden, bewirken eine Geräuschminderung von 8-10 dB(A) (Durchmesser 400 mm). Eine Teilkapselung bringt eine Geräuschminderung von 6-10 dB(A).

FRIEBE [24] untersucht das Steifigkeits- und Schwingungsverhalten stillstehender und umlaufender Kreissägeblätter für die Holzbearbeitung in Abhängigkeit von den geometrischen Abmessungen und einer Vorspannung durch Walzen. Die Vorspann-Spannungen unterbinden höherfrequente Sägeblattschwingungen und kompensieren die durch die Erwärmung der Zahnzone auftretenden tangentialen Druckspannungen im Außengebiet des Sägeblattes.

JENDRYSCHIK [41] untersuchte das dynamische Verhalten rotierender scheibenförmiger Trennwerkzeuge. Durch Einbringen von Schlitzen, Faserverbundaufbau und aktive Dämpfung durch elektrodynamische Stellelemente ist bei Steintrennversuchen eine Pegelminderung von 4-6 dB(A) zu erzielen.

Nach ROWINSKI [78] lassen sich Drehzahl, Zähnezahl, Zahnformen und Vorschub zweckmäßig aufeiander abstimmen, so daß geringere Schwingungsamplituden zu erwarten sind. Die Dämpfung von Schwingungsformen kann durch größere Spanungsdicken und besonders durch Dehnungsschlitze am Sägeblatt erfolgen.

JANOCHA [40] berichtet zusammenfassend über zwölf verschiedene Möglichkeiten zur Lärmminderung an scheibenförmigen Werkzeugen. Als Verbesserungsmaßnahmen werden das Einbringen von Eigenspannungen [41], Ring- /Ringnutdämpfung, Schichtbauweisen, gelochtes Stammblatt, Stammblatt mit Laserschlitzen und Faserverbund, dämpfende Flansche, viskoelastische Einspannung, aktive Dämpfung und Kapselung genannt. Die Geräuschminderung beträgt zwischen 6 und 11 dB(A) (Durchmesser 400 mm).

WECK [98] weist auf die Möglichkeit hin, Schirmschwingungen einer Fräserscheibe mit 5,30 m Durchmesser durch Hilfsmassen am Scheibenaußenrand zu dämpfen. Nur durch eine optimierte Auslegung der Kennwerte des Hilfsmassendämpfers reduziert sich die Resonanznachgiebigkeit bei den ersten drei Eigenfrequenzen erheblich.

Schwerpunkte der Arbeiten über Bandsägen sind die Leistungssteigerung unter dem Aspekt höherer Fertigungsgenauigkeit, kürzerer Schnittzeiten und längerer Werkzeugstandzeiten [73], die Lärmreduktion [93] und die Minimierung der Schwingungsanregung durch Abstimmung des Sägebandes auf die Werkstückabmessungen [59].

Handgeführte, elektromotorisch betriebene Antriebseinheiten (Elektrowerkzeuge) sind sehr lärmintensive Maschinen mit Schalleistungspegeln von bis weit über 100 dB [58]. Elektrowerkzeuge werden in weiten Bereichen von Industrie, Handwerk, Forschung, Medizin, Haushalt und im Heimwerkerbereich eingesetzt. Die Produktionzahlen von über 5 Millionen Elektrowerkzeugen pro Jahr haben zur Folge, daß dem von Elektrowerkzeugen erzeugten Lärm sehr viele Personen ausgesetzt sind. Da einerseits gesetzgeberische Maßnahmen (UVV LÄRM [106]) im gewerblichen Bereich die Einhaltung von Lärmgrenzwerten diktieren und andererseits die Anwender immer weniger bereit sind, lärmintensive Maschinen zu akzeptieren, wurden im letzten Jahrzehnt mehrere, meist auf experimenteller Basis beruhende, Untersuchungen und Optimierungen durchgeführt.

LAUCKNER [47] berichtet über Forschungsaktivitäten auf dem Gebiet der Lärmminderung für Elektrowerkzeuge. Er untersucht und beurteilt die Komponenten Motor, Lüfter, Lager, Kraftübertragung, Einsatzwerkzeuge (Bohrer, Sägeblatt, Hobelmesserwelle, Schleifmittel), Gehäuse sowie Anbauteile eines Elektrowerkzeuges, die zur Geräuscherzeugung beitragen. Hingewiesen wird auf Lärmminderungsmaßnahmen, die für alle Bauteile erprobt wurden und in ihrer Gesamtheit eine Pegelminderung bis zu 12 dB bewirken. In weiteren Veröffentlichungen werden von LAUCKNER [48] dominante Lärmquellen wie das Lüftergeräusch im Leerlauf, das Bearbeitungsgeräusch sowie Laufgeräusche von Zahnrädern und Wälzlagern identifiziert und quantifiziert. Verbesserungen werden durch Absorptionsschalldämpfer, Drehzahlbegrenzung, Wälzlager in Kunststoffbüchsen und ein lärmarmes Werkzeug erzielt. Auf diesen Maßnahmen aufbauend wurde ein lärmarmer Elektrohobel entwickelt [49].

GRUND [29] untersucht den Einfluß der Antriebsart handgeführter Schleifmaschinen auf die Schallemission. Er stellt einen Vergleich der Lärmbelastung von Universalmotor (Reihenschlußmotor), Drehstromkurzschlußläufermotor sowie Druckluftlamellenmotor an. Die Geräuschreduzierung an einer handgeführten Hochfrequenz-Schleifmaschine wird durch eine Minderung des Getriebe- und Lüftergeräusches erreicht und am Frequenzspektrum vor und nach Ausführung der Lärmminderungsmaßnahme gezeigt.

PAULE [68] beschreibt die Entwicklung von Elektrowerkzeugen hinsichtlich Antriebsarten, Umwelt- und Arbeitsschutz. Zur Verringerung von Gewicht und Lärmemission weist er auf die Verwendung von Hochleistungsmotoren, elektronischen Steuer- und Regelsystemen und thermoplastischen Kunststoffen hin.

Im Forschungsbericht Fb 380 der Bundesanstalt für Arbeitsschutz wird von MICHEL und KEMMNER [58] ein Geräuschemissionskatalog der wichtigsten am deutschen Markt angebotenen Elektrowerkzeuge zur Festlegung des Standes der Technik erstellt. Die Untersuchungen umfassen Bohrmaschine, Handkreissäge, Stichsäge, Kettensäge, Oberfräse, Hobel, Bandschleifer, Schwingschleifer, Winkelschleifer und Schrauber. Es werden Geräuscheinflußparameter und Hauptgeräuschquellen diskutiert und abschließend Lärmminderungsmaßnahmen an Lüfter, Lagerung, Getriebe, Gehäuse und Anker erprobt.

In den letzten Jahren wurden die Vorteile der Simulationstechnik auf der Basis kommerzieller FE-Programme (NASTRAN, ANSYS etc.) vor allem von der Automobilindustrie intensiv genützt (z. B. [46, 63, 8, 86]). Bei Untersuchungen zur Fahrzeugakustik kommen in zunehmendem Maße numerische Berechnungsverfahren zum Einsatz, die zum Ziel haben, die Anzahl aufwendiger Messungen und Experimente auf ein Minimum zu beschränken. Während die Ausbreitung von Schallwellen in der abgeschlossenen Fahrgastkabine mit herkömmlichen Finite-Elemente-Methoden mit hinreichender Genauigkeit simuliert werden kann (Innenraumproblem, „cavitation room"), sind für die Untersuchung der Schallabstrahlung des Fahrzeuges oder seiner Komponenten Berechnungsverfahren erforderlich, die in der Lage sind, den „unendlichen" Luftraum abzubilden (Außenraumprobleme). Zu diesen Verfahren zählt die Boundary Element Methode (BEM).

ESTORFF [17] gibt einen Überblick über die derzeitigen Möglichkeiten der akustischen Berechnungen im Automobilbau. Anhand von repräsentativen Beispielen werden die Merkmale der FE-Methode für Innenraumprobleme, die Anwendung der BE-Methode für Außenraumprobleme und die Vorteile einer Kombination von FEM und BEM aufgezeigt.

LAMANCUSA [46] präsentiert die in den kommerziellen FE-Programmen NASTRAN, ANSYS, SAP und SUPERB verwendeten Methoden zur Schallfeldbeschreibung. Durch Analogien zwischen Strukturverschiebung bzw. -spannung und Schalldruck bzw. Schallschnelle können die obengenannten FE-Pakete zur Lösung akustischer Problemstellungen eingesetzt werden. Beispielsweise wird NASTRAN erfolgreich zur Simulation von akustischen Moden in Automobilkarosserien, von Fluid-Struktur-Wechselwirkungen, von fluidgefüllten Rohrleitungssystemen und von akustischen Störungen durch eingetauchte Strukturen verwendet.

GOERANSSON [27] entwickelt eine Familie akustischer Finiter Elemente und implementiert sie in das kommerzielle FE-Programm ASKA. Die Elemente basieren auf der Galerkin-Formulierung der Helmholtz-Gleichung. Damit ist es möglich, propagierende Schallwellen mit Dämpfung zu analysieren. Die Dämpfung wird entweder mittels Rändern mit Normalimpedanz oder mittels poröser Elemente eingeführt, um so den Schallabsorbenten zu modellieren. Unendliche Bereiche werden mit speziellen Elementen modelliert. Sowohl die theoretischen Grundlagen für die neuen akustischen Elemente als auch die damit verbundenen neuen Analysemöglichkeiten werden diskutiert und einige Beispiele präsentiert.

Von BURFEINDT U. A. [8] wird ein Berechnungsmodell zur Innenraumakustik einer PKW-Fahrgastzelle vorgestellt, mit dem die vollständige dreidimensionale Geometrie eines Pkw mit den Komponenten Struktur-Luft-dämpfende Absorber abgebildet werden kann. Der dämpfende Einfluß poröser Absorber auf das akustische Verhalten wird durch ein finites Randelement beschrieben, das eine flächenhafte energieabsorbierende Wirkung besitzt. Die Untersuchungen an einem Kastenmodell zeigen bezüglich des strukturellen und akustischen Verhaltens eine befriedigende Übereinstimmung mit experimentellen Ergebnissen und verdeutlichen, wie sowohl die Luft-Struktur-Interaktion als auch das flächenhaft wirkende Absorptionsvermögen einer Pkw-Innenauskleidung das Schallfeld beeinflussen können.

Zur Berechnung der Schallabstrahlung von schwingenden Maschinenstrukturen beliebiger Oberflächengestalt in den freien, dreidimensionalen Raum wurden von OCHMANN [65] zwei schnelle numerische Verfahren entwickelt: die Multipolstrahlersynthese (MPSS) und ein Boundary-Elemente-Mehrgitterverfahren (BMGV). Bei der MPSS wird die vorgegebene Oberflächenschnelle durch diejenige Schnelle approximiert, die von Multipolen, die im Inneren der Struktur liegen, erzeugt wird. Beim BMGV wird die diskretisierte Kirchhoff'sche Integralgleichung iterativ auf

Gittern unterschiedlicher Feinheit gelöst. Die Schallabstrahlung eines Motorblockes und eines realen Getriebegehäuses wird berechnet und mit analytischen und experimentell gewonnenen Ergebnissen verglichen.

Seit kurzem ist ein kommerzielles Akustik-Simulationswerkzeug (SYSNOISE [95]) auf der Grundlage der Finite-Elemente-Technik und der Randelemente-Methode auf dem Markt erhältlich, welches es ermöglicht, die Schallfeldgrößen in offenen und geschlossenen Systemen unter dem Einsatz komfortabler Pre- und Postprozessoren zu ermitteln. MC CULLOCH erläutert in einem Aufsatz [55] die mathematischen Grundlagen von SYSNOISE und die Vorgehensweise bei der Betrachtung von konservativen und dissipativen Problemfällen. Als Beispiel werden akustische Moden einer Fahrzeugkabine berechnet.

Weitere aktuelle Einzelveröffentlichungen zur Simulationstechnik in der Geräuschforschung sind in dem VDI – Bericht 629 der VDI-Kommission Lärmminderung [82] und in einem Kongreßbericht der Katholischen Universität Leuven [70] aufgeführt:

RICHTER [75] entwickelte ein Programmsystem, mit dem Berechnungen des Körperschall- und Abstrahlmaßes an einfachen, beliebig gelagerten homogenen und inhomogenen Rechteckplatten durchgeführt werden können.

WEBER [97] weist auf die Möglichkeit der Verwendung von akustischen Modellgesetzen hin. An einer Baureihe von einstufigen Stirnradgetrieben werden die an einem Grundentwurf gemessenen Pegel in die zu erwartenden Pegel eines geometrisch ähnlichen Getriebes mit größeren Abmessungen umgerechnet.

SINAMBARI U. A. [91] führen analytische Modelluntersuchungen zur Abschätzung der Schallabstrahlung einer Hohlkastenbrücke durch. Mit einem Hohlzylinder als Ersatzmodell wird das mittlere Schnellequadrat ermittelt und über die maschinenakustische Grundgleichung die abgestrahlte Schalleistung berechnet.

Ein ebenfalls praxisbezogenes Verfahren wird von FÖLLER [23] beschrieben. Er berechnet die Lärmminderung infolge einer Änderung der Betriebskräfte und der Steifigkeitsverteilung sowie die Wirkung zusätzlicher Dämpfungs- und Dämmungsmaßnahmen auf analytischem Wege. Zudem versucht er eine Abschätzung der gesamten Geräuschminderung bei kombinierten Maßnahmen an mehreren Teilstrukturen einer Maschine.

KLÖCKER [44] entwickelte ein auf die Methode finiter Elemente aufgesetztes Rechenprogramm, das, ausgehend von den Schwingungsamplituden auf der schallabstrahlenden Bauteiloberfläche unter Verwendung von sogenannten Elementarstrahlern, die Berechnung des abgestrahlten Schalldruckes ermöglicht. Der Vergleich von gemessenen und berechneten Schallpegelspektren zeigt eine gute Übereinstimmung.

RENIUS [74] und KIRSTE [43] entwickelten in umfangreichen theoretischen und meßtechnischen Studien einen 30 kW-Forschungstraktor. Tonale Geräuschanteile des Traktorgetriebe-Gehäuses werden durch eine Finite-Elemente-Schwingungsanalyse ermittelt und durch Punkt-Admittanzmessungen an dem Wandlergehäuse experimentell verifiziert. Durch ein Aufbringen einer temperaturfesten Dämpfungsschicht und Verspannen mit einer abschließenden Blechplatte als Zusatzmasse konnten die Admittanzpegel um über 14 dB gesenkt werden, der A-bewertete Summenpegel am Fahrerohr um 2,5 dB(A) reduziert werden.

PONSEELE, SAS und SNOEYS [69] geben eine umfassende Übersicht zur numerischen Beschreibung von Schallfeldern mit insgesamt sechs verschiedenen Modellen.

Bei dem Elementarstrahlermodell (Punktstrahlermodell, PSM) wird die schwingende Bauteiloberfläche durch einzelne Punktschallquellen substituiert [86, 51]. Dabei wird die Geschwindigkeitsverteilung eines kleinen Gebietes durch einen konstanten Mittelwert angenähert. Der Schalldruck in der Umgebung berechnet sich dann aus der dreidimensionalen Helmholtz-Integral-Gleichung. Die Methode läßt sich auf alle Arten von ebenen Plattenstrukturen anwenden. Allgemein ergibt sich ein geringer Rechenaufwand mit mäßiger Genauigkeit bei räumlichen Anwendungsfällen.

Mit der Akustischen-Finite-Elemente-Methode (AFEM) wird im Unterschied zur mechanischen FEM zusätzlich zur abstrahlenden Struktur das umgebende Medium durch Fluidelemente modelliert, die den Schalldruck und die Schnelle als Freiheitsgrade besitzen [26]. Die hauptsächliche Anwendung liegt in der Beschreibung geschlossener Räume und in der Koppelung des dynamischen Verhaltens der abstrahlenden Struktur mit der Umgebung. Vor allem die Automobilindustrie bedient sich dieser Technik zur Optimierung von Schallfeldern in Fahrgastzellen [86, 63]. Oberhalb von 3 kHz weichen die Ergebnisse von experimentellen Meßdaten z. T. erheblich ab. Im hohen Frequenzbereich ist eine immer feinere Modellierung des umgebenden Fluids (zwei bis sechs Elemente je Wellenlänge) bei steigender Frequenz notwendig. Ebenfalls ungeeignet ist diese Methode für Abstrahlprobleme, da halbunendliche bzw. unendliche Räume Schwierigkeiten bei der Modellierung bereiten.

Die Beschreibung des Schallfeldes als Variationsproblem (VAR) greift ebenfalls auf die Helmholtz-Integral-Gleichung zurück. Bei dieser Methode müssen die Druckverteilung in einer Ebene und die Geschwindigkeitsverteilung in einer zweiten Ebene, die durch Dreieckselemente diskretisiert wird, bekannt sein. Die Zahl der zu lösenden Gleichungen entspricht der Anzahl der Dreieckselemente, aus denen die beiden Oberflächen modelliert werden. Anwendungen bei allen Arten von Luftkanälen (z.B. Abgasrohre, Turbinen und Überschallberechnungen) zeigen sehr gute Übereinstimmungen mit gemessenen Werten. Schwierigkeiten bereitet die

Abschätzung der entsprechenden Druck- und Schnelleverteilungen in den beiden Ebenen [69].

Bei sog. statistischen Energieanalysen (SEA) [39] bildet die Energieausbreitung in einem Fluid den Ausgangspunkt für die Feldberechnungen. Das zu berechnende Modell wird aus sog. Energiespeichereinheiten mit Dämpfungsfaktoren modelliert. Bei Fragestellungen der Schallübertragung durch mehrere Wände ist diese Methode besonders geeignet. Zudem ist sie die einzige, die in hochfrequenten Bereichen eine ausreichende Genauigkeit liefert. Das Verfahren gibt jedoch nur Mittelwerte der Ergebnisse an, insbesondere ist es nicht geeignet, bestimmte Druckverteilungen oder Eigenformen einer Struktur zu bestimmen. Ein Problem besteht in der Abschätzung der Energieübertragungs- und -dämpfungsfaktoren, also des Wirkungsgrades der einzelnen Energieelemente.

Ein weiteres Verfahren in Verbindung mit der Helmholtz-Integral-Gleichung ist die Randelelementmethode (REM) [90]. Für eine Anwendung muß die Geschwindigkeitsverteilung an der Strukturoberfläche möglichst genau bekannt sein. Es gelten ähnliche Einschränkungen wie für die AFE-Methode: Begrenzung auf niedere Frequenzbereiche und hoher Modellierungsaufwand. In der Nähe der Eigenfrequenzen läßt die Genauigkeit der Ergebnisse stark nach. Zudem ist der benötigte Rechenaufwand sehr hoch.

Von HÜBNER wurde 1982 die sog. Direkte-Finite-Elemente-Methode [37] auf der Basis von Elementarstrahlern vorgeschlagen, mit der die abgestrahlte Schalleistung nicht über den Umweg der Druckberechnung bestimmt wird. Voraussetzung ist, daß die Geschwindigkeitsverteilung auf der Oberfläche bekannt ist. Über das abgestrahlte Schallfeld, insbesondere über die Richtcharakteristik und den Schalldruckpegel am Ort des Empfängers als wichtige Größen sind aber keine Aussagen möglich. In [38] ist eine Erweiterung der DFEM dargestellt.

In der DIN 45635 [105] und den VDI–Richtlinien VDI 3720 [110] und VDI 3761 [111] sind Meß- und Beurteilungsverfahren, Grenzwerte und Richtlinien von Emissionswerten handgeführter Elektrowerkzeuge sowie ausführliche Konstruktionshinweise für verschiedene Maschinentypen dargestellt. Gestaltungsregeln für geräuscharme Werkzeugmaschinen und Werkzeuge sind in [99] zusammengefaßt.

Auf dem Gebiet der spanenden Bearbeitung von Knochen wurden in der letzten Zeit vor allem technologische Optimierungen angestrebt.

FUCHSBERGER [25] befaßte sich umfassend mit der spanenden Bearbeitung von Knochen. Im Vordergrund steht die Vermeidung von thermischen und mechanischen Schäden am Knochengewebe sowie die Ausbildung optimal bearbeiteter Oberflächen. In diesem Zusammenhang werden Bohr-, Fräs- und Sägewerkzeuge [60] einer experimentellen Studie unterzogen und die Schneidengeometrie sowie die

Einsatzbedingungen (Vorschubkraft, Schnittgeschwindigkeit, Kühlung, Werkzeugverschleiß) optimiert.

DAVIS u. a. [12] ermittelte an Hand des orthogonalen Zerspanprozesses knochenspezifische Schnittkraftwerte, um eine Analogie zu dem Zerspankraftgesetz aus der Metallbearbeitung herstellen zu können.

EICHLER und BERG [16] untersuchten das Bohren von Knochen hinsichtlich der Bohrleistung, die sie als Bohrweg pro Bohrzeit definieren, sowie hinsichtlich der Bohrtemperatur. Die Bohrleistung nimmt mit kleiner werdendem Spitzenwinkel, größer werdendem Drallwinkel, steigender Vorschubkraft und steigender Schnittgeschwindigkeit ab.

Weitere Veröffentlichungen (Literaturangaben in [25]) befassen sich vor allem mit der Hitzeschädigung des Knochengewebes beim Einsatz spanender Werkzeuge. Stellvertretend sei LUNDSKOG [53] genannt.

Dem Stand der Erkenntnisse ist zu entnehmen, daß Geräuschminderungmaßnahmen an Kreissägeblättern aus der Holz-, Metall- und Steinbearbeitung durch eine Veränderung des Stammblattes hinreichend bekannt und optimiert sind. Für chirurgische Werkzeuge findet man keine Gestaltungsregeln für steife und geräuscharme Produkte. Eine Übertragung der Ergebnisse aus der Holz- und Metallbearbeitung ist aufgrund der medizinischen Randbedingungen, des oszillierenden Antriebs und einer Werkzeugdicke von 0,5 mm in allen Fällen sicher nicht möglich.

Eine erfolgreiche Durchführung der rechnergestützten Simulation des Geräuschemissionsverhaltens gilt durch eine Vielzahl von numerischen Methoden und Verfahren sowie durch den Einsatz kommerzieller FE-Programme als gesichert.

Von der Seite der Antriebseinheit werden mehrere maschinenspezifische Lösungen zur Lärmreduzierung an den Komponenten Lüfter, Lagerung, Motor und Gehäuse vorgestellt, deren Wirkung experimentell verifiziert wird. Eine unveränderte Übernahme akustischer Lösungen von einem Maschinentyp auf den anderen führt nicht unbedingt zum Erfolg, da die Lösungsprinzipien an Randbedingungen und Voraussetzungen gebunden sind, die für die eigene Problemstellung zum Teil nicht umfassend formulierbar, nachprüfbar und anwendbar sind [19]. Eine Übertragbarkeit der Lösungsprinzipien muß in der Simulation geprüft und gezielt an die struktureigenen Schwachzonen des Elektrowerkzeuges angepaßt werden (z. B. Einbringen von Verstärkungen an schwingungsfreudigen Gebieten, die mit Hilfe der Finiten-Elemente-Analyse identifiziert werden).

1.3 Zielsetzung der Arbeit

Im Rahmen der Maschinenakustik wurden in letzter Zeit die ingenieurwissenschaftlichen Grundlagen wesentlich ausgebaut. Dabei stützte man sich hauptsächlich auf empirische Untersuchungen und mathematisch „einfach“ zu handhabende, analytische Modelle zur Ableitung von Prinzipien zur „geräuscharmen Gestaltung von Produkten“, die in Lösungskatalogen und Konstruktionsrichtlinien zusammengefaßt sind.

Während seit geraumer Zeit Simulationsprogramme zur Statik und Dynamik elastomechanischer Systeme entwickelt und industriell häufig eingesetzt werden, bilden feldtheoretische Simulationen wie die elektromagnetische oder die akustische Feldbeschreibung in der Maschinenakustik noch eher die Ausnahme und sind über Forschungsinstitutionen kaum in die Praxis hinausgedrungen.

Ziel dieser Arbeit ist, Werkzeuge und Antriebsstrukturen der chirurgischen Orthopädie mit den heutigen Potentialen einer rechnerorientierten Lärmbekämpfung schalltechnisch zu optimieren. Dabei werden im Rahmen dieser Arbeit im wesentlichen nachstehende Teilziele verfolgt:

- Experimentelle Analyse des Geräuschverhaltens,
- Sammlung und Auswertung von prinzipiellen Lärmminderungsmaßnahmen,
- Entwicklung einer geeigneten Simulationsumgebung zur Beschreibung der Geräuschemission,
- Abschätzung des zu erzielenden Maßnahmenerfolges mit rechnergestützten Methoden und
- Vergleich zwischen Messung und Rechnung an ausgewählten schalltechnisch verbesserten Neukonstruktionen.

Der Vorteil einer rechnerorientierten Lärmbekämpfung liegt darin, daß die Güte einer Neukonstruktion bereits in der Entwurfsphase beurteilt werden kann. Der kostspielige und zeitintensive Bau eines Prototypen, der letztendlich im Experiment auf Eignung geprüft werden muß und bei mangelndem Ergebnis dann noch weitere Konstruktions- und Erprobungsphasen zu durchlaufen hat, wird umgangen.

Die im Rahmen der vorliegenden Arbeit angewendeten Grundlagen und Simulationsverfahren werden in dem Maße dokumentiert, daß sie eine programmtechnische Nachvollziehbarkeit garantieren. Ebenso sollen sowohl die Potentiale wie auch die Grenzen einer praxisorientierten, rechnergestützten Lärmminderung aufgezeigt werden.

1.4 Vorgehensweise und Arbeitsschwerpunkte

Wie bereits erwähnt, verspricht eine direkte, unveränderte Übernahme von Lösungsprinzipien verwandter Untersuchungsobjekte aufgrund von speziellen Randbedingungen und Maschineneigenschaften nur bedingten oder keinen Erfolg. Eine Neu- bzw. Änderungskonstruktion erfordert ein sorgfältiges Vorgehen in den folgenden zum Teil eng miteinander verzahnten Schritten:

- Vorbereitungsphase,
- Entwicklungsphase und
- Erprobungsphase.

In der Vorbereitungsphase sind die akustischen Kennwerte der Untersuchungsobjekte unter definierten Betriebs- und Meßbedingungen festzuhalten. Dabei sind dominierende Geräuschquellen und -verursacher zu identifizieren und zu quantifizieren. Unter Beachtung gesetzlicher Bestimmungen und Anwenderforderungen werden in der Vorbereitungsphase im allgemeinen die Zielwerte eines Produktes abgeleitet, die in einem Pflichtenheft (Soll-Zustand mit Fix- und Wunschforderungen) aufgeführt werden. Nachfolgend sind alle in Betracht kommenden Maßnahmen zur Geräuschminderung unter Beachtung von technologischen (z. B. Leistung), ergonomischen (z. B. Gewicht, Lärm) und wirtschaftlichen (z. B. Patentreinheit) Forderungen aufzulisten.

In der Entwicklungsphase werden grundsätzliche Maßnahmen zur Geräuschminderung gesammelt, sortiert und ausgewertet. Die Auswahl erfolgversprechender Maßnahmen stützt sich auf das Grundwissen über theoretisch mögliche Lösungswege, bewährte Gestaltungs- und Bemessungsprinzipien sowie auf Lösungskataloge. Das Abschätzen des zu erzielenden Maßnahmenerfolges unterschiedlicher Lösungsvarianten soll mit rechnergestützten Methoden erreicht werden. Hierzu müssen entsprechende Software-Werkzeuge bereitgestellt werden. Geeignete Verfahren und Berechnungsalgorithmen zur Quantifizierung des Geräuschemissions-Verhaltens müssen gesammelt, bewertet und ein entsprechender Programm-Code entwickelt werden. In der computergestützten Simulation können dann verschiedene Lösungsprinzipien auf deren Wirkung getestet werden.

In der Erprobungsphase erfolgt die Umsetzung der auf theoretischem Wege gewonnenen Neu- bzw. Änderungskonstruktionen, deren akustische Kennwerte zur Erfolgskontrolle mit denen der Ausgangsstrukturen durch Geräuschmessungen zu vergleichen sind.

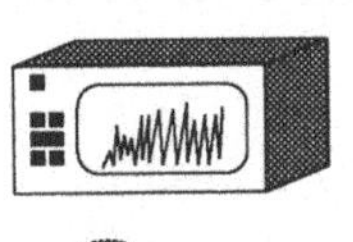

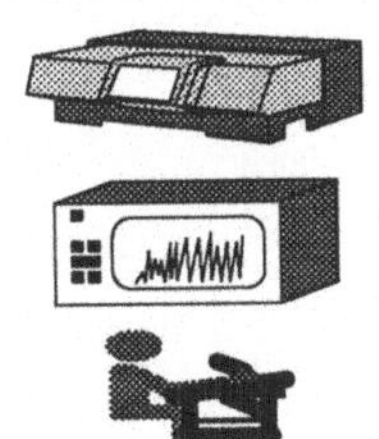

Abbildung 1.1: Vorgehensweise und Arbeitsschwerpunkte der vorliegenden Arbeit

Auf die vorliegende Arbeit und deren Problematik übertragen ergibt sich die in Abb. 1.1 dargestellte Vorgehensweise.

2 Experimentelle Analyse des Istzustandes der Untersuchungsgegenstände

2.1 Untersuchungsgegenstände

Die schalltechnisch zu optimierenden Untersuchungsgegenstände sind kreisscheibenförmige Sägewerkzeuge aus der chirurgischen Orthopädie (Abb. 2.1) und ein oszillatorisch arbeitendes Elektrowerkzeug für deren Betrieb (Abb. 2.2 Gesamtstruktur und Abb. 2.3 deren relevante Komponenten). Die untersuchten Werkzeuge sind aus 7C27Mo2 hergestellt, der hohe Anforderungen in Bezug auf Dauerfestigkeit und Planheit erfüllt. Die Werkstoff-Kennwerte sowie Maße und Angaben zur Ausführung der Schneiden sind in Tabelle 2.1 zusammengefaßt.

Maße	Mechanische Eigenschaften	Schneide
Außendurchmesser 50 mm Innendurchmesser $\approx$ 13 mm (genutet) Dicke 0,5 mm	Zugfestigkeit 1700-1800 N/mm^2 Elastizitätsgrenze 0,01 % 1150-1200 N/mm^2 E-Modul 210000 N/mm^2 Querkontraktions-zahl 0,3 Dichte 7850 kg/m^3	Schneidenzahl 127 - 175 wechselweise geschränkt

Tabelle 2.1: Kennwerte des Kreissägewerkzeuges

Die Handkreissäge dient überwiegend zum spanenden Trennen von Gipsverbänden. Dieses Elektrowerkzeug besteht aus den folgenden Baugruppen:

- Oszillator-Getriebe zwischen An- und Abtriebswelle,
- elektrischer Antriebsmotor (Universalmotor) mit Kommutator,

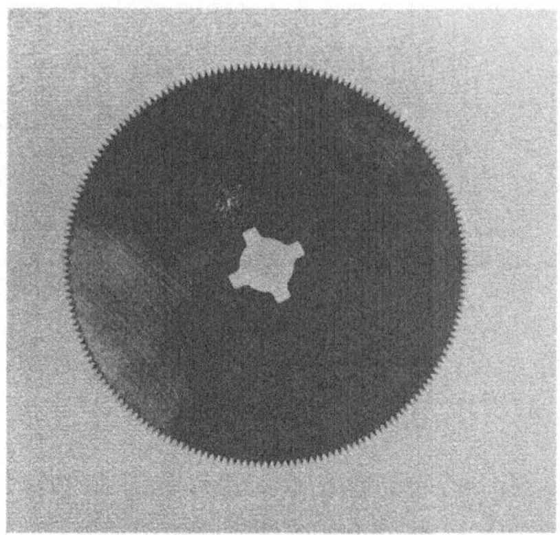

Abbildung 2.1: Scheibenförmiges Trennwerkzeug der chirurgischen Orthopädie mit einem Außendurchmessern von 50 mm

Abbildung 2.2: Elektrowerkzeug der chirurgischen Orthopädie

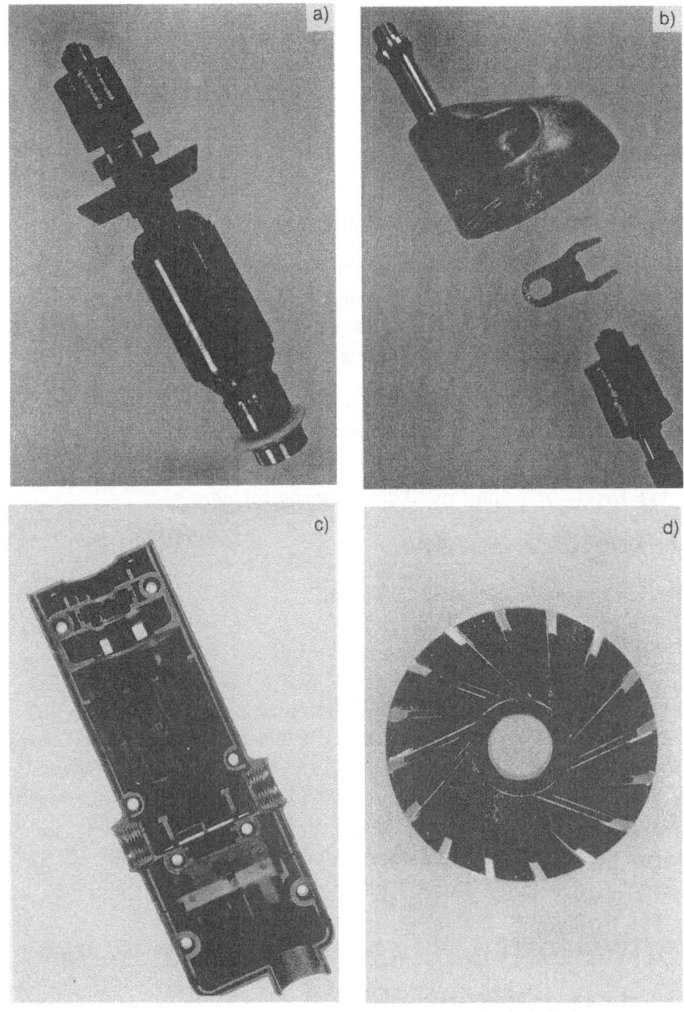

Abbildung 2.3: Komponenten a) Antriebswelle, b) Oszillatorgetriebe mit Aluminium-Gehäuse, c) Kunstoffgehäuse-Schale und d) Lüfter des Elektrowerkzeuges

- Lagerungen,
- Lüfter,
- An- und Abtriebswelle und
- Gehäuse,

die für die Geräuschentstehung maßgebend sind.

Für den Antrieb wird ein Universalmotor verwendet, der sowohl im Wechselstrom- als auch im Gleichstromnetz betrieben werden kann. Der Antriebsmotor ist über die Antriebswelle mit aufgesetztem Lüfter in ein stoßfestes Isoliergehäuse eingebaut. Als Lager kommen Rillenkugellager zur Anwendung.

Gehäuse von Elektrowerkzeugen werden heute fast ausschließlich durch Spritzgießen aus Kunststoff hergestellt, was folgende Vorteile bietet:

- geringe Dichte und somit deutliche Gewichtsvorteile;
- Sicherheit gegen Stromstöße;
- geringere Wärmeleitfähigkeit als Metall;
- wirtschaftliche Fertigung.

Die Rotation der Antriebswelle (maximale Drehzahl $n_{max} = 18000\,1/\text{min}$) wird durch einen Exzenter und eine Gabel in eine oszillierende Bewegung der Abtriebswelle (Schwenkwinkel $\pm 6°$) und somit des Kreissäge-Werkzeuges umgesetzt. Die aus Stahl gefertigte Abtriebswelle läuft in zwei Gleitlagern, die in ein versteiftes Aluminiumgehäuse eingepreßt sind. Die maximale Leistungsaufnahme des Elektrowerkzeuges beträgt 90 W, die Masse ohne Anschlußkabel liegt bei ca. 1,1 kg.

2.2 Strukturdynamische Eigenschaften der Untersuchungsobjekte

2.2.1 Berührungslose Modalanalyse an Kreissägeblättern

Wie bereits erwähnt, soll das strukturdynamische Eigenverhalten der Kreissägeblätter auf modaler Basis beschrieben werden. Im folgenden sollen die theoretischen Grundlagen zur experimentellen Modalanalyse in gestraffter Form dargestellt werden.

Ziel einer experimentellen Modalanalyse ist es, das Eigenschwingungsverhalten einer mechanischen Struktur durch die drei modalen Parameter [18]

- Eigenfrequenz f_e (in Hz),
- Dämpfung D_e (in %) und
- das allg. Kennsystemverhältnis G_e (spez. die Kenn-Nachgiebigkeit N_e in m/N, die Kenn-Beweglichkeit B_e in m/Ns, die Kenn-Beschleunigbarkeit A_e in m/s²N) oder dessen Wurzel g_e

zu beschreiben. Die modalen Parameter dienen hier zur Charakterisierung des Ausgangszustandes und zum Vergleich der FE-Ergebnisse mit dem Experiment sowie zur Parameterversorgung der Simulationsmodelle.

Bei den vorliegenden Werkzeugen handelt es sich um

- extrem nachgiebige (max. Kennachgiebigkeit der ersten Fächerschwingung $N_{1,max} \approx 3 \cdot 10^{-5} \frac{\mathrm{m}}{\mathrm{N}}$),
- gering gedämpfte ($D_e \approx 0{,}01\,\mathrm{bis}\,0{,}1\,\%$),
- massearme (8 g) und
- leicht feder-nichtlineare (Nachgiebigkeit N ist abhängig von dem Betrag der Erregerkraft sowie von der Laufrichtung eines gestuften Erreger-Sinuskraftsignals)

Strukturen.

Da mit einer gestuften Sinusanregung Nichtlinearitäten bei entsprechenden Auswertealgorithmen (Hilbert-Transformation) erkennbar sind, bei gering gedämpften Strukturen eine beliebig hohe Auflösung der Ortskurve in der Nähe von Eigenfrequenzen möglich ist und sich Leakage-Fehler und schlechter Rauschabstand vermeiden lassen, wurde auf die gestufte Sinusanregung zurückgegriffen [14].

Wirkt als Eingangsgröße eine sinusförmige Wechselkraft an der Stelle F

$$F_F = \hat{F} cos(\omega t), \tag{2.1}$$

mit der Kreisfrequenz

$$\omega \;=\; 2\pi f, \mathrm{rad/s} \tag{2.2}$$

so antwortet die Werkzeugstruktur mit einem Bewegungssignal an der Stelle V

$$\dot{x}_V = v_V = -\omega\hat{v}\sin(\omega t + \varphi_V). \tag{2.3}$$

Darin ist x_V die Verlagerung an der Stelle V in m, v_V die Geschwindigkeit an der Stelle V in m/s und φ_V die Phasenverschiebung in Grad.

Durch das Systemverhältnis Beweglichkeit $\underline{B}_{FV}$ wird das komplexe Übertragungsverhalten der Struktur zwischen den Stellen F und V beschrieben.

$$\underline{B}_{FV} = \frac{\underline{v}_V}{\underline{F}_F}. \tag{2.4}$$

Will man das reale Bewegungsverhalten des Werkzeuges durch eine endliche Anzahl von Freiheitsgraden approximieren, genügt es, die Struktur an jeweils dem gleichen Punkt F anzuregen und den Frequenzgang zwischen F und allen interessierenden Punkten V zu messen. Da eine reale Struktur unendlich viele Freiheitsgrade besitzt, wird sie in einem endlichen Frequenzbereich mehrere Eigenfrequenzen und Resonanzstellen aufweisen. Verhält sich die Struktur hinreichend linear (d. h. die Massen, Federsteifigkeiten und Dämpfungen sind konstant), so läßt sich ein Frequenzgang nach dem Superpositionsprinzip durch die Überlagerung der Frequenzgänge einer endlichen Anzahl entkoppelter Einmassenschwinger darstellen, von denen sich jeder bei komplexer Krafterregung mit folgender inhomogenen Differentialgleichung beschreiben läßt

$$m\ddot{x} + d\dot{x} + cx = \hat{F}e^{j\omega t}, \tag{2.5}$$

mit der Masse m in kg, dem Dämpfungskoeffizient d in Ns/m und der Federsteifigkeit c in N/m.

Durch Einsetzen der stationären Lösung erhält man die Beweglichkeit eines Einmassenschwingers zu

$$\underline{B} = \frac{1}{d + j(m\omega - \frac{c}{\omega})}. \tag{2.6}$$

Führt man die Kenn-Beweglichkeit B_e

$$B_e = \frac{1}{\sqrt{cm}} \text{ in m/sN} \tag{2.7}$$

und die Lehr'sche Dämpfung D_e ein, mit

$$D_e = \frac{d}{2}B_e = \frac{d}{2\sqrt{cm}} \text{ in \%}, \tag{2.8}$$

so läßt sich der Beweglichkeitsfrequenzgang eines Ein-Massen-Schwingers für ein betrachtetes Stellenpaar FV mit der Geschwindigkeit v an der Stelle V und der Kraft F an der Stelle F für eine einzelne Eigenform e folgendermaßen ausdrücken

$$\underline{B}_{eFV} = \frac{B_{eFV}}{2D_e + j(\frac{\omega}{\omega_e} - \frac{\omega_e}{\omega})}, \tag{2.9}$$

und für eine Struktur mit endlich vielen Freiheitsgraden e folgt:

$$\underline{B}_{FV} = \sum_{e=1}^{n} \frac{B_{eFV}}{2D_e + j(\frac{\omega}{\omega_e} - \frac{\omega_e}{\omega})}. \tag{2.10}$$

Erregt man die Struktur mit der Eigenfrequenz f_e, so erhält man die reelle Resonanzbeweglichkeit

$$|\underline{B}_{eFV}| = \frac{B_{eFV}}{2D_e} \tag{2.11}$$

oder mit den sog. Kenn-Beweglichkeitswurzeln b_e (in $\sqrt{\mathrm{m/sN}}$) [94] zu

$$|\underline{B}_{eFV}| = \frac{b_{eF} b_{eV}}{2D_e}. \tag{2.12}$$

Für das Stellenpaar FF, den sog. Driving-Point, an dem Erreger- und Aufnehmerstelle zusammenfallen, geht Gl. (2.11) in ein einstelliges Systemverhältnis über

$$b_{eFF} = b_{eF} = \sqrt{|\underline{B}_{eFF}| 2D_e}, \tag{2.13}$$

und eine Berechnung aller Kennbeweglichkeitswurzeln b_{eV} nach Gl. (2.12), die ein Maß für die Verformung der Struktur darstellen, ist sichergestellt. Auf diese Weise wird der Erregereinfluß eliminiert und eine reine Eigenschwingungsform ermittelt.

Abb. 2.4 zeigt den Versuchsaufbau zur Modalanalyse an den Werkzeugen.

Um die Systemmasse durch den Erreger mit Stößel nicht zu verfälschen, wurde die Erregerkraft axial über einen Käfig mit vorgelagerter Kraftmeßzelle in den Mittelpunkt der Einspannstelle der Struktur eingeleitet.

Das Kreissägeblatt wurde durch 12 Stellen ($V = 1, \ldots, 12$) diskretisiert und die Schwinggeschwindigkeit mittels berührungsloser induktiver Wegaufnehmer (Tr 4, Hottinger Baldwin Meßtechnik) registriert. Dabei wird ein Aufnehmerpaar zu einer Halbbrücke zusammengeschaltet, die innerhalb eines 50 kHz-Trägerfrequenz-Verstärkers zu einer Wheatstone'schen Brücke ergänzt wird. Ändert sich der Abstand zwischen der Werkzeugoberfäche und der Meßspule des Aufnehmers, so

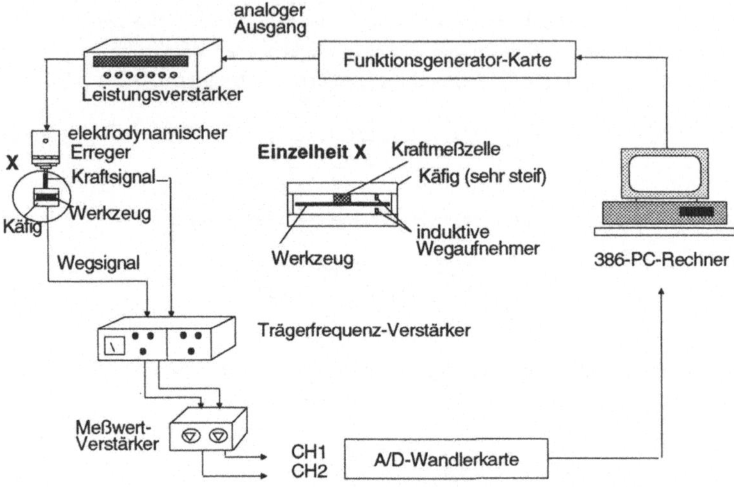

Abbildung 2.4: Versuchsaufbau zur berührungslosen Modalanalyse

ändert sich die Induktivität der Spule und damit ihr Scheinwiderstand. Dies führt zu einer wegproportionalen Verstimmung der Meßbrücke. Das daraus resultierende Spannungssignal wird dem am Institut entwickelten Auswerteprogramm [42] für Modalanalysen übergeben. Da das Material des abgetasteten Meßobjektes für die Größe des Meßsignals maßgebend ist, wurde eine entsprechende Eichkurve, die zusätzlich Informationen bzgl. der Linearität der Meßanordnung liefert, aufgenommen. Die angewendete Differentialmessung gemäß Abb. 2.5 ist für Wegänderungen im Bereich von $\pm$ 0,45 mm bei einer tolerierten Linearitätsabweichung $< 1\%$ geeignet. Abb. 2.6 zeigt die 1. Fächerschwingung bei 1103 Hz und die 1. Schirmschwingung bei 1166 Hz. Ein Vergleich von analytisch, numerisch und experimentell ermittelten Eigenfrequenzen und Eigenformen erfolgt in Abschn. 4 anhand einer theoretischen Modalanalyse mit einem FE-Programm.

2.2.2 Körperschallmessungen an der Antriebseinheit

Eine Betriebsmessung des Körperschalls verfolgt allgemein das Ziel,

- die Schwinggeschwindigkeitsverteilung auf der Gehäuseoberfläche zu bestimmen, um damit
  - dominante Körperschallquellen und Schwachstellen zu erkennen sowie

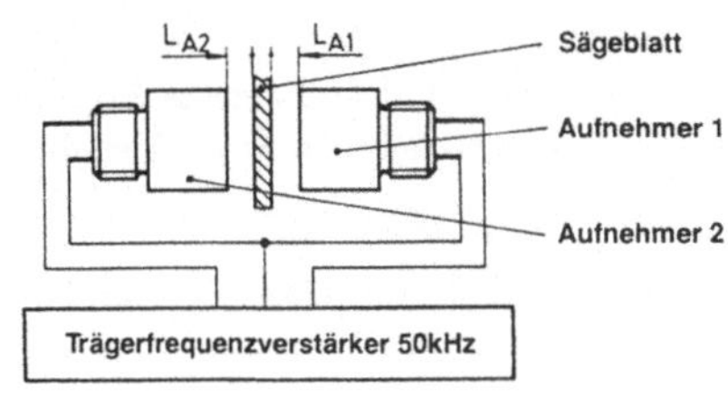

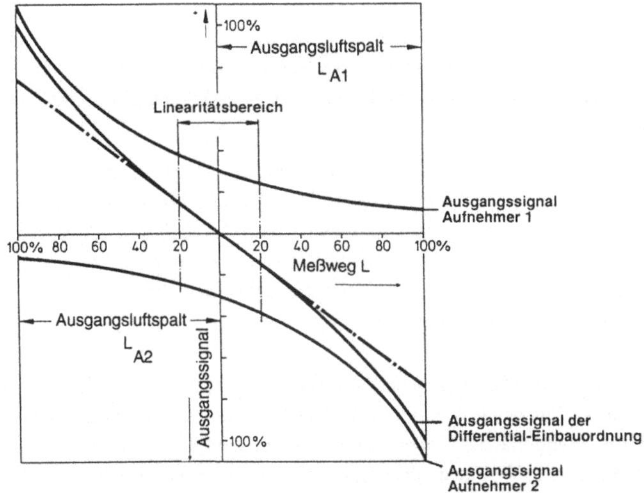

Abbildung 2.5: Einbauanordung und Linearitätscharakteristik der Wegaufnehmer

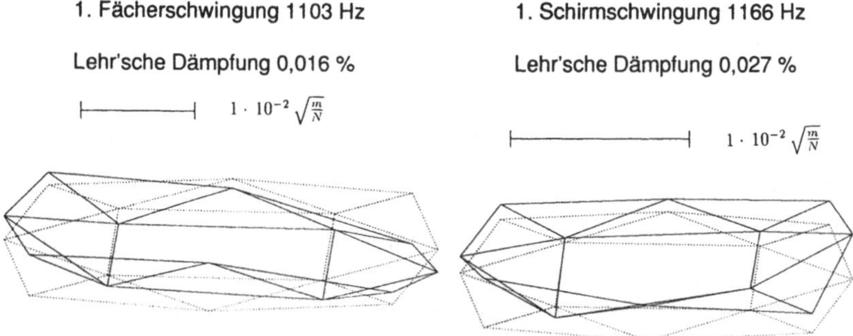

Abbildung 2.6: 1. Fächer- und Schirmschwingung des Kreissägeblattes

- einen Vergleich mit späteren Finite-Elemente-Ergebnissen (rechnerisch ermittelte mittlere Oberflächenschwinggeschwindigkeit) ziehen zu können;

- tonale Komponenten des Körperschall-Frequenzspektrums bestimmten Bauteilen zuordnen zu können und somit Verbesserungsmaßnahmen an den geräuschbestimmenden Körperschallquellen ansetzen zu können.

Die Schwinggeschwindigkeit als geräuschbestimmende Größe des indirekt abgestrahlten Schalls der Komponenten Werkzeug, Aluminiumgehäuse (Getriebegehäuse) und Kunststoffgehäuse wurde mit dem faseroptischen Laser-Vibrometer der Fa. Polytec registriert.

Auf eine ausführliche Darstellung und Erläuterung des lasergestützten Meßprinzips wird bewußt verzichtet, da die Schwinggeschwindigkeits-Messung im Rahmen der Zielsetzung der Arbeit einen pragmatischen Charakter hat und die wesentlichen Punkte der Untersuchung und Entwicklung zu kurz kommen ließe. Lediglich die charakteristischen Merkmale und Vorteile der vibrometrischen Lasermeßtechnik sind nachfolgend zusammengefaßt:

- Meßprinzip: das faseroptische Vibrometer arbeitet nach einem interferometrischen Verfahren. Bei einer Reflektion an einer schwingenden Oberfläche wird die Frequenz des Laserlichtes um die Dopplerfrequenz f_D geändert. Diese Frequenz ist linear abhängig von der Schwinggeschwindigkeit v des Meßobjektes in Richtung des gesendeten Laserstrahles

$$f_D = \frac{2\,v}{\lambda} \quad \text{mit} \lambda = 632{,}8\,\text{nm und} f_D \text{ in Hz}, \tag{2.14}$$

- eine berührungslose Messung der Schwinggeschwindigkeit ist ohne Verfälschung durch die Masse- und Federwirkung von Kontaktaufnehmern möglich,

- der auszuwertende Geschwindigkeitsbereich liegt zwischen 10^{-6} und 10 m/s,

- der Abstand des Sensorkopfes zum Meßobjekt ist prinzipiell beliebig einstellbar,

- Reflektastreifen an unebenen Freiformflächen garantieren, daß ein ausreichender Teil des reflektierten Laserlichtes in den Sensorkopf zurückfällt,

- das Geschwindigkeitssignal kann über einen Analog-Ausgang einem Fast-Fourier-Analysator (HP 5423A) zur digitalen Signalanalyse übergeben werden,

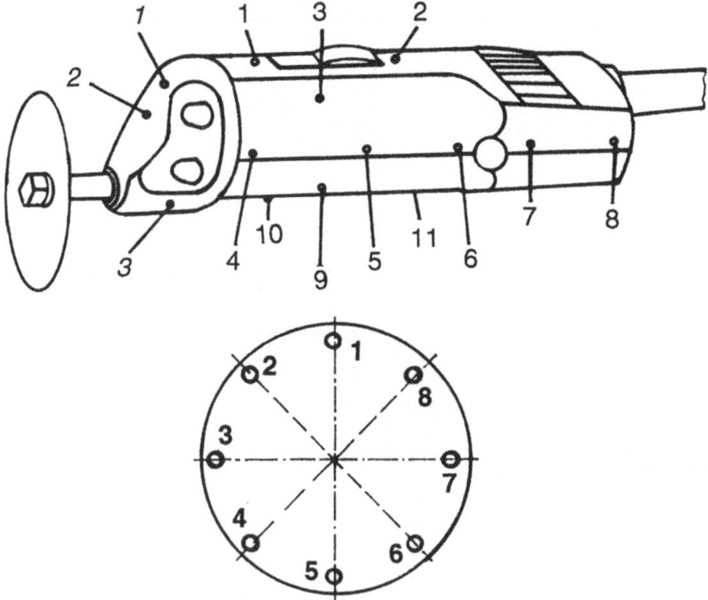

Abbildung 2.7: Lage der Meßpunkte zur Schwinggeschwindigkeitsmessung

- eine aufwendige Kalibrierung von Meßwertaufnehmern (induktiver bzw. kapazitiver Wegaufnehmer) entfällt.

Die Körperschall-Frequenzgangmessung wurde an 11 Punkten des Kunststoffgehäuses, an 3 Punkten des Aluminium-Getriebegehäuses und an 8 Punkten des Sägeblattes mit einem Durchmesser von 50 mm durchgeführt. Die Lage der Meßpunkte ist Abb. 2.7 zu entnehmen. Da die Schwingungsformen der Bauteiloberflächen nicht bekannt sind und aufgrund der fehlenden Phaseninformation der Geschwindigkeit nicht ermittelt werden können, ergibt sich die Notwendigkeit einer Vielzahl von Meßpunkten, um zu vermeiden, daß beispielsweise Messungen in Schwingungsknoten als repräsentativ angenommen werden. Aus den Linearspektren der Schwinggeschwindigkeit kann die Dominanz von Teilschallquellen aus den Geschwindigkeitsamplituden abgelesen werden und über die Schwingfrequenz ursächlichen Komponenten zugeordnet werden. Dazu werden nur repräsentative Spektren einzelner besonders schwingungsfreudiger Meßpunkte an den indirekten Geräuschverursachern Gehäuse und Werkzeug gezeigt (vgl. Abb. 2.8).

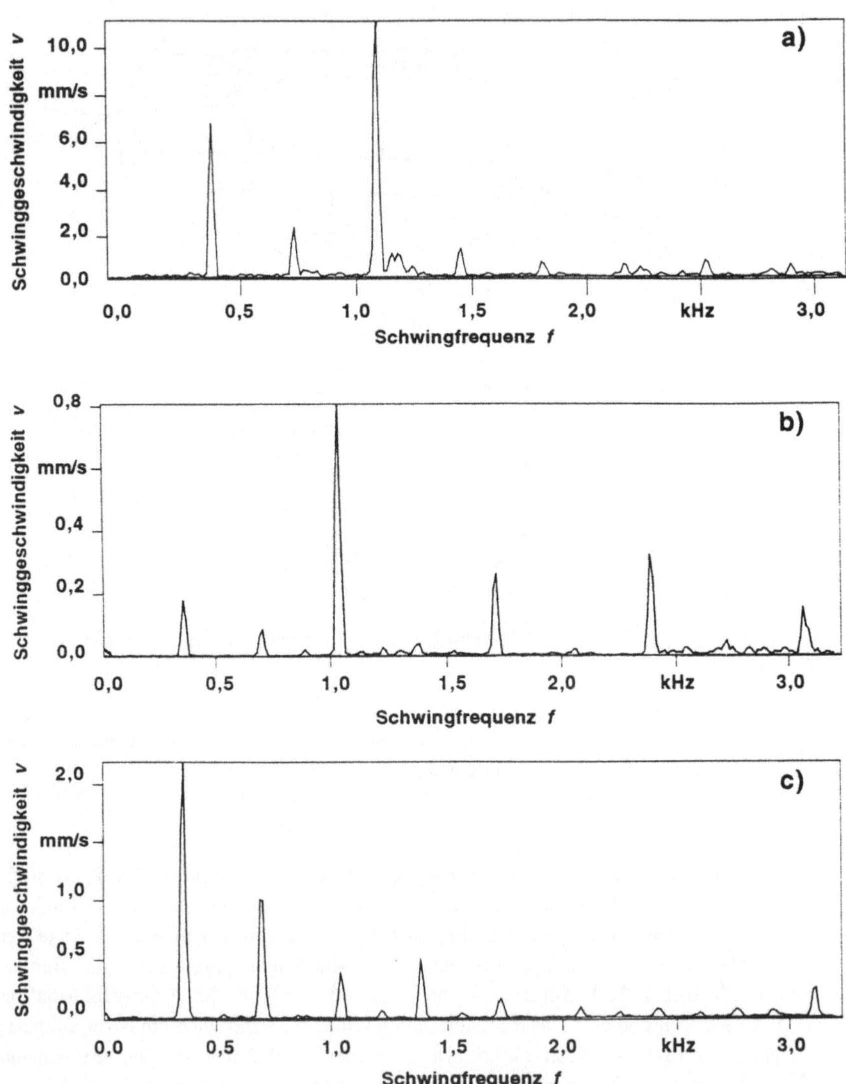

Abbildung 2.8: Linearspektren des Körperschalls an der Untersuchungsstruktur bei Betriebsmessungen a) Kreissägeblatt b) Alu-Getriebegehäuse c) Kunststoffgehäuse

Die meßtechnischen Erkenntnisse der Körperschall-Betriebsmessungen lassen sich folgendermaßen zusammenfassen:

- das Kreissägeblatt zeigt Schwinggeschwindigkeitsamplituden mit der Antriebsfrequenz f_a und deren Harmonischen $(2 \cdot f_a, 3 \cdot f_a, \ldots, n \cdot f_a)$ mit bis zu 7 mm/s, die 1. Fächerschwingung (vgl. FEM-Berechnung) bei 1080 Hz erzeugt durch Anregung mit der 3. Harmonischen einen Schnellewert von 10 mm/s;
- das Getriebegehäuse erzeugt durch eine Anregung mit den Harmonischen der Antriebsfrequenz Schnelleamplituden von bis zu 0,8 mm/s,
- das Kunststoff-Gehäuse schwingt mit den Frequenzen der Antriebsfrequenz und deren Vielfachen mit Geschwindigkeitsamplituden von bis zu 2 mm/s.

Maßnahmen zur Körperschallreduzierung sind am effektivsten an dem Kreissägeblatt und dem Kunststoffgehäuse, da diese bis zu dreizehnmal höhere Schnelleamplituden als das Getriebegehäuse aufweisen.

2.3 Akustisches Verhalten der Untersuchungsobjekte

Die physikalische Stärke des Schalls wird allgemein durch den Schalldruckpegel L_p ausgedrückt. Die Geräuschmessungen an handgeführten Elektrowerkzeugen sollten nach der DIN 45635 Teil 21 [105] erfolgen. Abb. 2.9 zeigt den Meßaufbau für die Schalldruck-Messungen. Die grundsätzlich eingehaltenen Richtlinien zu den Meßbedingungen und zur Meßdurchführung sind nachfolgend stichpunktartig aufgeführt:

- Die Leerlaufmessung erfolgt im unbelasteten Zustand mit der daraus resultierenden höchsten Drehzahl;
- Der geometrische Mittelpunkt des Handgerätes liegt in 1 m Höhe über dem Boden (Reflexionsfläche);
- Die Meßfläche, auf der die einzelnen Meßpunkte liegen, hat die Form eines Quaders und endet am schallreflektierenden Boden. Der Meßabstand vom geometrischen Mittelpunkt der Maschine beträgt 1 m, die Meßpunktanordnung ist Abb. 2.9 zu entnehmen. Bei diesen Abstand befindet man sich i. allg. im Fernfeld;

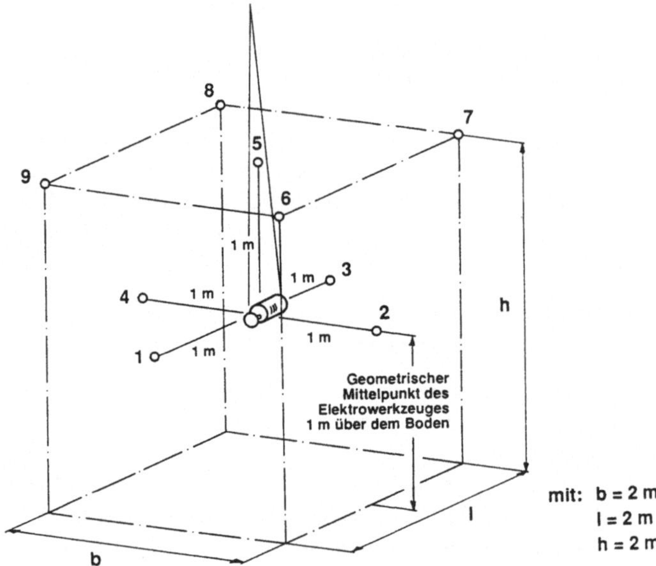

Abbildung 2.9: Geräuschmessungen an Elektrowerkzeugen nach DIN 45635 Teil 21

- Es kann grundsätzlich im Meßmodus „Slow" gemessen werden (kein impulshaltiges Geräusch);
- Liegen die Störgeräusche aus der Umgebung an allen Meßpunkten wenigstens 10 dB unter den bei laufender Maschine gemessenen Werten, so kann von einer Korrektur (Fremdpegelkorrektur) generell abgesehen werden;
- Durch die Verwendung des A-Filters erhält man Geräuschkennwerte, die dem subjektiven Empfinden des Menschen näherungsweise angepaßt sind (genauere Verfahren wie das ZWICKER-, STEVENS- oder Noise-Rating-Verfahren in [34]).

Alle Schalldruck-Pegelmessungen wurden mit einem Schallintensitäts-Analysator B&K 4433 durchgeführt. Ein Kondensatormikrophon, das im Abstand von einem Meter zum geometrischen Mittelpunkt des Meßobjektes aufgestellt ist, wandelt die Druckschwankungen des Schalls in elektrische Wechselspannungen um, die dem Analysator zugeführt und verarbeitet werden.

Die Schallpegelmessungen an der Handkreissäge erfolgten im Leerlaufbetrieb. Der Abstand des akustischen Zentrums von Elektrowerkzeug und Kreissägeblatt zu den einzelnen Meßpunkten betrug in Anlehnung an DIN 45 635 1 m. Einzelne zufällige

Störgeräusche verloren durch eine Mittelung von bis zu 60 Einzelmessungen bzw. einer linearen Mittelung von 8 sec an Gewicht. Der stationäre Fremdgeräuschpegel lag bei allen Messungen mindestens 10 dB unter dem Maschinengeräusch des Elektrowerkzeuges. Er kann daher bei der Auswertung vernachlässigt werden. Es sei an dieser Stelle angemerkt, daß Schallpegelmessungen naturgemäß sehr meßfehleranfällig sind (±1 dB, Einfluß von Temperatur, Luftfeuchte,- dichte, Luftdruck, Meßraum, Störgeräuschen, sonstigen zufälligen und systematischen Meßfehlern).

Die Schalldruckpegel-Auswertung erfolgte sowohl anhand von Frequenzspektren (Oktavspektrum und Linearspektrum) als auch über den gesamten Frequenzbereich. Tab. 2.2 gibt die über dem Gesamtfrequenzbereich emittierten Schalldruckpegel des Elektrowerkzeuges mit Sägeblatt (Durchmessern 50 mm), der Antriebseinheit ohne Werkzeug, ohne Getriebegehäuse und ohne Lüfter an den fünf normgerechten Meßstellen wieder.

Schalldruck-Pegel L_p in dB(A)					
Meßpunkte	1	2	3	4	5
EWz + KSB 50	78	80	78	80	79
EWz	73	74	73	75	73
EWz o. Getriebe	70	70	69	70	70
EWz o. Lüfter	68	68	67	68	68

Tabelle 2.2: Schalldruckpegel nach DIN 45635 an den genormten Meßstellen 1 bis 5; EWz: Elektrowerkzeug, KSB 50: Kreisägeblatt mit Durchmesser 50 mm

Der Gesamtdruckpegel liefert keine Aussage über die Frequenzzusammensetzung des Schalls. Zur eingehenderen Analyse der Geräuschemission und zur Identifizierung von Teilschallquellen ist eine Frequenzanalyse des Schalls hilfreich. Die Frequenzanalyse setzt elektronische Filter mit unterschiedlichen Frequenzdurchlaßbereichen ein, die durch ihre Mittenfrequenz und ihre Bandbreite bestimmt sind. Je nach Analysierbandbreite unterscheidet man zwischen Oktav-, Terz- und Schmalbandfilter. Welches Bandfilter eingesetzt wird, ist vom jeweiligen Meßproblem abhängig. Werden die Meßdaten beispielsweise zur Bestimmung der Schalleistung herangezogen, so genügt eine Analyse in Terz- oder sogar nur Oktavbändern. Oktav-und Terzfilter haben eine relative Bandbreite, d.h. das Verhältnis der oberen zur unteren Grenzfrequenz beträgt 2:1(DIN 45 651), bei Terzfiltern $\sqrt[3]{2} : 1$ (DIN 45 652). Schmalbandfilter hingegen können sowohl relative als auch absolute Bandbreiten besitzen. Sie erlauben ein genaues Erkennen von ausgeprägten Einzeltönen oder schmalbandigen Pegelspitzen im Gesamtgeräusch. Spitzenwerte im meßtech-

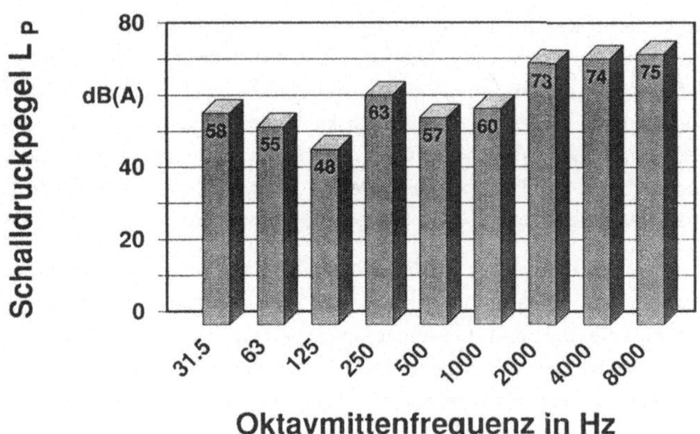

Abbildung 2.10: Oktavanalyse der Antriebseinheit mit Sägeblattdurchmesser 50 mm, Meßstelle 1 nach DIN 45635

nisch ermittelten Linearspektrum können so bestimmten Maschinenkomponenten zugeordnet werden. Die Erkennung erfolgt z. B. anhand der Eingriffsfrequenzen des Oszillator-Getriebes oder der Pulsationsfrequenz des Lüfterrades.

Eine grobe Übersicht über die spektrale Verteilung der Geräuschpegel vermittelt die Oktavanalyse. Sie wird vor allem zu einer schnellen und preisgünstigen Erfassung der Schallpegelanteile in den jeweiligen Frequenzintervallen angewendet (Oktavbandfilter mit der Mittenfrequenz f_M von 63, 125, 250,... 8000 Hz und konstantem Durchlaßbereich $f_{M+1} = 2f_M$). Abb. 2.10 zeigt den Schallpegel von Antrieb und Sägeblatt (Durchmesser 50 mm) über den jeweiligen Oktavmittenfrequenzen, die in Mikrophonstellung 1 gemessen wurden. Der Schalldruckpegel im Bandfilter um die Oktavmittenfrequenz von 250 Hz wird durch die Anregung des Sägeblattes mit der Antriebsfrequenz von 300 Hz deutlich auf 63 dB angehoben. Oktavanalysen enthalten naturgemäß nur grobe Details. Für gezielte Lärmabhilfemaßnahmen muß das Spektrum noch weiter aufgelöst werden. Durch die Schmalbandanalyse erhält man eine detaillierte Aussage über die Frequenzzusammensetzung von Schalldruckpegeln. Diese Methode wird vor allem bei stationären Geräuschen angewendet (z.B. Maschinengeräusche).

Wird die Handkreissäge mit dem Kreissägeblatt betrieben, so zeigt die schmalbandige Frequenzanalyse, daß sich das Schallpegelspektrum aus harmonischen Anteilen zur Antriebsfrequenz von 300 Hz zusammensetzt (Abb. 2.11). Neben der Krafterregung wird die Geräuschabstrahlung durch ein axiales Spiel der Abtriebswelle (lt. Hersteller 0,2 mm) und somit eine Fußpunkt- bzw. Geschwindigkeitsanregung

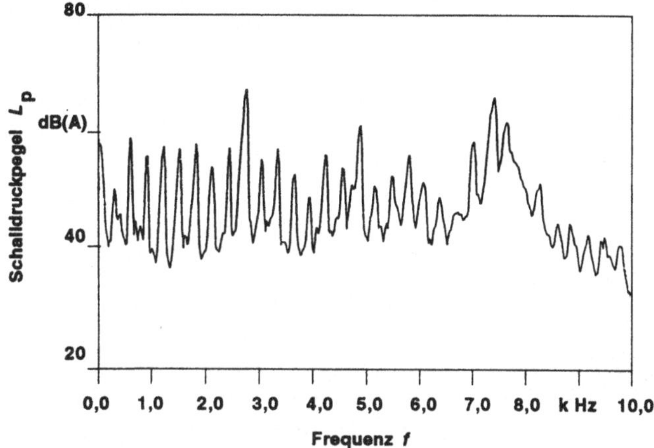

Abbildung 2.11: Schmalbandspektrum der Handkreisäge mit Sägeblatt, Meßstelle 1 nach DIN 45635

begünstigt. Diesem Umstand wird bei der rechnergestützten Simulation in Abschn. 4 und 5 Rechnung getragen. Wird das Sägeblatt entfernt, so treten zwar im unteren Frequenzbereich wieder harmonische Anteile zur Antriebsdrehzahl auf, aber die Schallpegelspitzen sind deutlich reduziert (Abb. 2.12). Bei einem Betrieb des Elektrowerkzeuges ohne das Exzentergetriebe (Abb. 2.13) können im Luftschall-Frequenzspektrum harmonische Anteile der Antriebsfrequenz nur noch schwer festgestellt werden. Das Exzentergetriebe ist vermutlich aufgrund von geometrischen Nichtlinearitäten (Spiel der Abtriebswelle sowie Spiel zwischen Gabel und Exzenter) mitverantwortlich für die harmonischen Anteile der Antriebsfrequenz im Frequenzspektrum. Bei einer Frequenz von ca. 5 kHz ist ein ausgeprägter „Peak“ zu erkennen, der von dem Lüfter verursacht wird (Schaufelzahl z_S des Lüfters $z_S = 16$, Drehzahl ohne Getriebe $n > 300$ 1/s, da die Getriebemassenträgheit fehlt).

Eine weitere schalltechnisch charakteristische Größe ist der Schalleistungspegel L_W. Der Schalleistungspegel ist ein maschinenspezifischer Geräuschkennwert und von den akustischen Eigenschaften des umgebenden Raumes unabhängig. Hierin ist ein Grund zu sehen, warum sich diese Größe zur akustischen Beurteilung von Geräuschquellen zunehmend durchgesetzt hat.

Die Schalleistung ist gleich dem Hüllflächenintegral der Schallintensität aller in dieser Hüllfläche eingeschlossenen Quellen

$$P = \oint_S p \ \vec{v} \ d\vec{S} = \oint_S \vec{I} \ cos\varphi \, d\vec{S} = \oint_S I_n \ d\vec{S}. \tag{2.15}$$

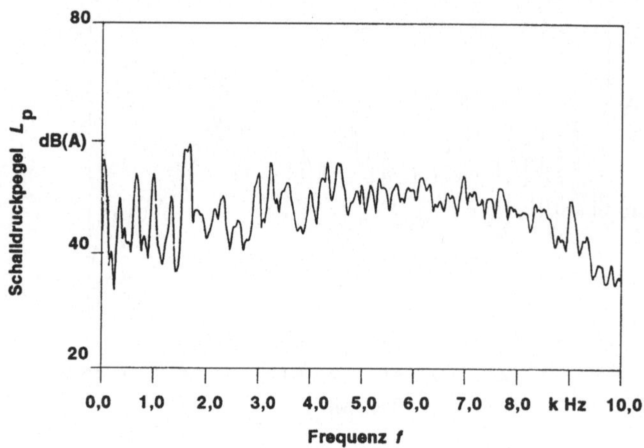

Abbildung 2.12: Schmalbandspektrum der Handkreisäge ohne Sägeblatt

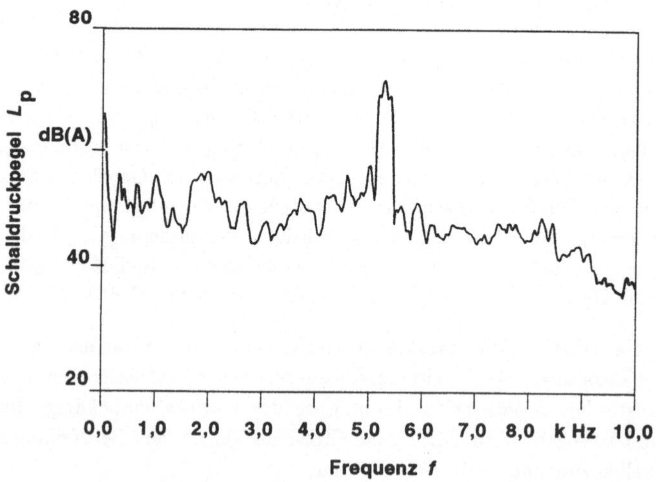

Abbildung 2.13: Schmalbandspektrum der Handkreisäge ohne Getriebe

mit

p	Schalldruck in Pa,
$\vec{v}$	Schallschnelle in m/s,
S	Oberfläche in m^2,
$\vec{I}$	Schallintensität in W/m^2,
φ	Winkel zw. der Oberflächennormalen (Index n) und dem Intensitätsvektor in Grad.

Die Intensitätsmessung gestattet eine einfache Bestimmung der Schalleistung von Geräuschquellen in normalen Räumen ohne Rücksicht auf die Größe und die akustischen Eigenschaften des Raumes sowie auf stationäre Störschallquellen.

Da diese Methode auf dem Gauß'schen Integralsatz beruht, kann sie selbst bei stationärem Hintergrundgeräusch ohne Fremdgeräuschkorrektur angewendet werden, was bei Schalldruckmessungen zur Ermittlung der abgestrahlten Schalleistung unabdingbar ist [105].

Das Meßprinzip besteht darin, mit zwei exakt gepaarten Mikrophonen zwei Schallfeldgrößen, den Schalldruck sowie die Schallschnelle über die Gradientenbildung des Schalldruckes, zu erfassen. Zwischen Schalldruck p und Schnelle v besteht folgender funktionaler Zusammenhang:

$$\frac{\partial v}{\partial t} = -\frac{1}{\rho}\frac{\partial p}{\partial r} \text{ bzw. } v = -\frac{1}{\rho}\int \operatorname{grad} p\, dt, \tag{2.16}$$

wobei r die Ausbreitungskoordinate der Schallwelle und ρ die Dichte des Ausbreitungsmediums kennzeichnet.

Meßtechnisch wird der Druckgradient über eine Druckdifferenz zwischen zwei Mikrophonen A und B, die einen definierten Abstand Δr zueinander haben, angenähert

$$\frac{\partial p}{\partial r} \approx \frac{p_B - p_A}{\Delta r} \quad \text{mit } \Delta r \ll \lambda. \tag{2.17}$$

Mit dem mittlerem Schalldruck p im akustischen Zentrum zwischen den beiden Mikrophonen

$$p = \frac{p_A + p_B}{2} \tag{2.18}$$

ergibt sich die Schallintensität I aus dem Produkt von Druck und Schnelle über die Zeit gemittelt zu

$$I = \overline{\frac{p_A + p_B}{2\rho\Delta r} \int \overline{(p_B - p_A)}\, dt}. \tag{2.19}$$

Durch eine Integration über eine geschlossene Hüllfläche erhält man die Schalleistung P. Abb. 2.14 verdeutlicht das Meßprinzip. Die integrierte Schalleistung von

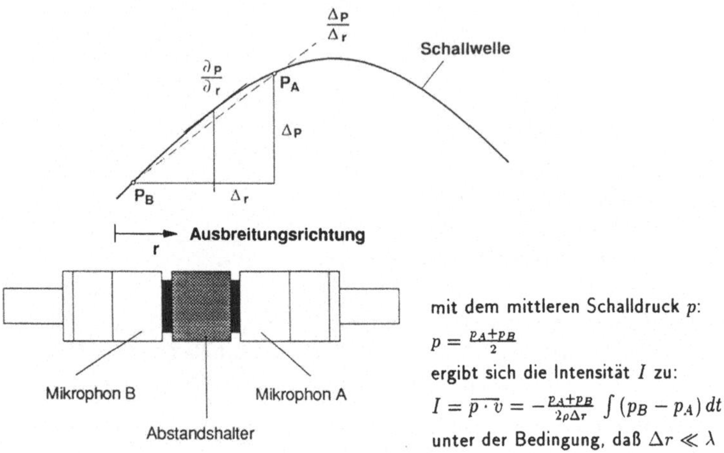

Abbildung 2.14: Prinzip der Intensitätsmessung

Geräuschen, deren Quellpunkte außerhalb der Integrationsfläche liegen, ist über eine geschlossene Hüllfläche gleich Null. Eine anschauliche Deutung ist, daß von außen eindringende Schallwellen in gleicher Richtung, aber mit umgekehrtem Vorzeichen, die Hüllfläche an anderer Stelle wieder verlassen und die Intensitätswerte sich bei der räumlichen Mittelung aufheben. Dabei ist es wichtig, daß keine Schallabsorption unterhalb der Meßfläche stattfindet, da sich sonst eindringende und austretende Fremd-Schallenergie nicht mehr kompensieren.

Praktisch wird die Schalleistung in Anlehnung an den Gauß'schen Integralsatz durch Intensitätsmessungen über eine nach ISO 3745 [112] festgelegte halbkugelförmige Meßfläche bestimmt (Abb. 2.15). Dazu wird die Meßfläche in 10 Abschnitte gleicher Größe unterteilt und die Normalkomponente der Intensität am jeweiligen Flächenschwerpunkt erfaßt. Das Produkt aus Intensität und Fläche liefert die durch diese Fläche tretende Leistung, die Addition aller Teilleistungen die gesamte abgestrahlte Schalleistung:

$$\vec{I} = \sum_{i=1}^{10} \vec{I}_i, \qquad P = \sum_{i=1}^{10} I_n \cos\varphi_i \Delta S_i. \qquad (2.20)$$

Die abgestrahlte Schalleistung von Antrieb und Werkzeug (Durchmesser 50 mm) sowie bei abmontiertem Getriebe und Lüfter kann nachstehender Tabelle (Tab. 2.3) entnommen werden. Anzumerken ist, daß eine Verdoppelung der Schalleistung eine Pegelerhöhung von 3 dB bewirkt.

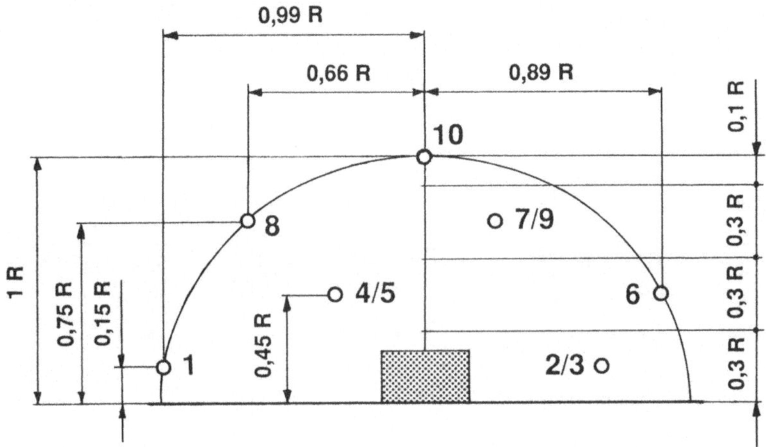

Abbildung 2.15: Hüllfläche nach ISO zur Schalleistungsbestimmung

Meßobjekt	Schalleistungs-Pegel L_W
EWz + KSB 50	83 dB
EWZ	80 dB
EWz o. Getriebe	76 dB
EWz o. Lüfter	71 dB

Tabelle 2.3: Schalleistung, gemessen nach der direkten Intensitätsmethode; EWz: Elektrowerkzeug, KSB 50: Kreissägeblatt mit Durchmesser 50 mm

2.4 Zusammenfassung und Erkenntnisse der experimentellen Untersuchungen

Zusammenfassend kann festgehalten werden:

- Tabelle 2.4 zeigt die modalen Parameter für die jeweils erste Schirm- und Fächerschwingung des Kreissägeblattes:

Modale Parameter	1. Fächerschwingung	1. Schirmschwingung
Eigenfrequenz f_e	1103 Hz	1166 Hz
Lehr' sche Dämpfung D_e	0,016 %	0,027 %
max. Kennachgiebigkeit N_e	$2,94 \cdot 10^{-5} \frac{\mathrm{m}}{\mathrm{N}}$	$9,73 \cdot 10^{-6} \frac{\mathrm{m}}{\mathrm{N}}$

Tabelle 2.4: Modale Parameter von Fächer- und Schirmschwingung des Kreissägeblattes

- Die Betriebsmessungen an der Antriebseinheit lassen weiter erkennen:

  Als Anregungsmechanismus liegt, bedingt durch ein axiales Spiel des Blattes (0,2 mm lt. Hersteller), eine kombinierte Geschwindigkeits-Kraftanregung mit der Antriebsfrequenz f von 300 Hz und deren Harmonischen $n \cdot f$ vor ($n = 1, 2, \ldots$).

- Die anteiligen Geräuschverursacher des Elektrowerkzeuges mit und ohne Kreissägeblatt zeigt Tab. 2.5

Schalldruck-Pegel L_p in dB					
Meßpunkte	1	2	3	4	5
EWz + KSB 50	78	80	78	80	79
EWz	73	74	73	75	73
EWz o. Getriebe	70	70	69	70	70
EWz o. Lüfter	68	68	67	68	68

Tabelle 2.5: Schalldruckpegelmessung nach DIN 45635 an den genormten Meßstellen 1 bis 5; EWz: Elektrowerkzeug, KSB 50: Kreissägeblatt mit Durchmesser 50 mm

Meßobjekt	Schalleistungs-Pegel L_W
EWz + KSB 50	83 dB
EWZ	80 dB
EWz o. Getriebe	76 dB
EWz o. Lüfter	71 dB

Tabelle 2.6: Schalleistung, gemessen nach der direkten Intensitätsmethode. EWz: Elektrowerkzeug, KSB 50: Kreisägeblatt mit Durchmesser 50 mm

- das Kunstoffgehäuse ist die schwingungsfreudigste Komponente des Gesamtgehäuses und soll einer schalltechnischen Optimierung unterzogen werden;
- das Getriebe ist ein wesentlicher Geräuschverursacher, bedingt durch Lose und ungünstigen Materialeinsatz (Werkstoffpaarung Metall-Metall). Es begünstigt vor allem eine seitliche Schallabstrahlung (Meßpunkte 2 und 4);
- der Lüftereinfluß am Gesamtgeräusch ist von Bedeutung. Er hebt den Schalldruckpegel um ca. 2 dB, die Schalleistung um ca. 5 dB.
- die abgestrahlte Schalleistung von Kreissägeblatt und Antriebskomponenten kann Tab. 2.6 entnommen werden.

3 Gestaltungs- und Bemessungsprinzipien von geräuscharmen Varianten

3.1 Modelldarstellung zur Geräuschentstehung und Geräuschabstrahlung

Zunächst gilt es, die wesentlichen physikalischen Effekte und Parameter, die bestimmend für das akustische Verhalten sind, herauszuarbeiten und deren tendenziellen Einfluß auf das Verhalten der Untersuchungsobjekte durch Überschlagsrechnungen festzustellen. Prinzipiell zeigen Maßnahmen zur Lärmminderung nur an den dominanten Schallverursachern Effizienz. Absolute zahlenmäßige und objektive Gütekriterien der Neukonstruktion, wie z. B. abgestrahlte Schalleistung der Werkzeuge, muß die Simulation liefern.

Das Teilgebiet der technischen Akustik, welches sich mit der Geräuschentstehung und Geräuschausbreitung in Maschinen mit dem Ziel der Geräuschminderung beschäftigt, wird als Maschinenakustik bezeichnet. Sie umfaßt die Theorie des Körperschalles und der Schallabstrahlung, die Strömungsakustik, die Maschinendynamik sowie empirisch gewonnene Erkenntnisse der Geräuschminderung an Maschinen.

Unter Schall versteht man mechanische Schwingungen in festen, flüssigen und gasförmigen Stoffen mit Frequenzen von etwa 16 bis 16.000 Hz. Innerhalb dieses Frequenzbandes nimmt das menschliche Gehör Schwingungen wahr. Im wesentlichen läßt sich eine Klassifizierung des Schalls auf zwei Grundtypen des Entstehungsmechanismus zurückführen:

- direkter Schall aufgrund von Strömungsvorgängen und
- indirekter Schall aufgrund von Oberflächenschwingungen und deren Abstrahlung.

Indirekt erzeugte, also körperschallerregte Maschinengeräusche entstehen entweder durch eine Geschwindigkeits- oder eine Kraftanregung. Teilstrukturen einer

Maschine, die im Kraftfluß liegen und sich somit durch die Betriebskräfte elastisch verformen, werden durch sogenannte Kraftanregung zu Körperschallschwingungen angeregt. Die von den Betriebskräften nicht beanspruchten, aber an schwingenden Teilen der Struktur befestigten Komponenten, erfahren eine Geschwindigkeitserregung, indem ihnen an den Befestigungspunkten die Schwinggeschwindigkeit aufgeprägt wird.

Durch die Anregung wird auf einer Bauteiloberfläche in Abhängigkeit von der Eingangsimpendanz ein Körperschall-Geschwindigkeitsprofil $v_K(x, y)$ über der Bauteiloberfläche erzeugt. Je nach Verhältnis von der Bauteiloberfläche S zur Schwingfrequenz und in Abhängigkeit von der Geschwindigkeitsverteilung wird die Körperschalleistung P_K mit einem akustischen Wirkungsgrad, dem sogenannten Abstrahlgrad σ, in Luftschalleistung P_L umgesetzt [28]. σ kann für einfache Strahlermodelle wie den Kugelstrahler nullter Ordnung analytisch ermittelt werden.

Der Anregungsmechanismus besitzt die zentrale Bedeutung für die Abschätzung der akustischen Wirkung von indirekten Geräuschminderungs-Maßnahmen. Liegt eine reine Geschwindigkeitsanregung vor, ist das Geräuschverhalten nur über die Oberfläche oder den Abstrahlgrad, den akustischen Wirkungsgrad zwischen Körper- und Luftschallenergie, zu manipulieren [22]. Eine Krafterregung hingegen eröffnet ein weites Spektrum an Lösungsprinzipien durch Ändern der Strukturgrößen wie Masse, Dämpfung, Steife und geometrischer Maße.

Feste Körper setzen im Gegensatz zur Luft auch einer Schub-, Biege- und Torsionsverformung einen Widerstand entgegen. Demzufolge treten in Festkörpern neben den aus der Luft bekannten Longitudinalwellen auch Torsions-, Schub- und Biegewellen auf. Zur Schallabstrahlung tragen jedoch nur transversale Bewegungen, d.h. Bewegungen senkrecht zur Ausbreitungsrichtung bzw. zur Oberfläche bei. Die Teilchenbewegung im Festkörper überträgt sich auf das angrenzende Medium Luft, woraus sich Orts- und Dichteänderungen der Luft ergeben. Die Geschwindigkeit, mit der die Luftteilchen oszillieren, wird als Schallschnelle $\vec{v}$ bezeichnet, die Druckänderung in einem Punkt als Schalldruck p. Mediumspezifische Größen sind die Dichte ρ und die Schallgeschwindigkeit c. Der Betrag der Schnelle $|\vec{v}|$ der Teilchen ist im allgemeinen sehr viel kleiner als die Ausbreitungsgeschwindigkeit der Welle ($\frac{|\vec{v}|}{c} = 10^{-6}$ bei 1000 Hz und 74 dB [11]).

Abb. 3.1 verdeutlicht die Wirkkette einer Körperschallentstehung, -leitung und -abstrahlung. Durch Anwendung vereinfachter Modelle wird die oft komplizierte Wirkkette aus Geräuschentstehung und -abstrahlung durchschaubar und somit beeinflußbar. Nachdem man den realen Strukturen geeignete Modelle zugeordnet hat, können maschinenakustische Gesetzmäßigkeiten, Bemessungsvorschriften und Gestaltungsprinzipien für die vorliegenden Untersuchungsobjekte abgeleitet werden.

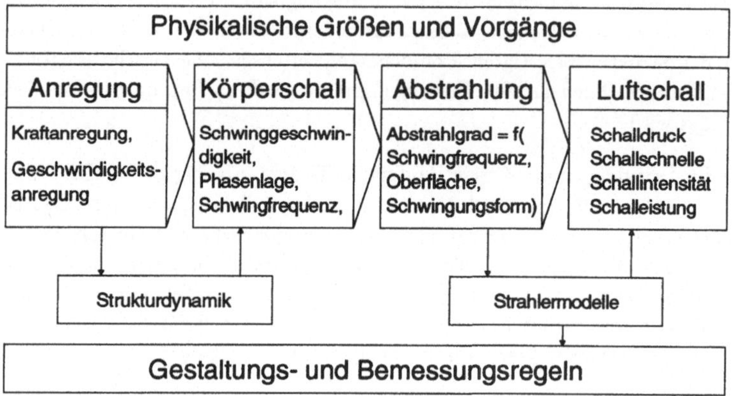

Abbildung 3.1: Wirkkette der indirekten Geräuschentstehung, Geräuschleitung sowie Geräuschabstrahlung

Mit solchen Modellen kann bei einer gegebenen Oberfläche, gegebener Schnelleverteilung und Schwingfrequenz, also mit rein körpereigenen Größen, eine quantitative Verbindung zum abgestrahlten Luftschall geknüpft werden. Entsprechende Modelle, welche die einschlägige Fachliteratur bereitstellt [33, 19, 34, 110], sind z. B.:

- das globale Black-Box-Modell des linearen vibroakustischen Übertragungssystems für prinzipiell beliebig gestaltete, elastomechanische Strukturen (Abb. 3.2). Die abgestrahlte Schalleistung berechnet sich zu

$$\tilde{P} = \rho c \; S \; \tilde{F}^2 \; \tilde{\tilde{h}}^2 \; \sigma, \tag{3.1}$$

bzw. in Loslösung von der übertragungsfuntionellen Darstellung zur geschwindigkeitsbeschreibenden Form erhält man die Schalleistung zu

$$\tilde{P} = \rho c \; S \; \tilde{\tilde{v}}^2 \; \sigma, \tag{3.2}$$

mit der räumlich und zeitlich gemittelten Schwinggeschwindigkeit $\tilde{\tilde{v}}$

$$\tilde{\tilde{v}} = \sqrt{\frac{1}{S} \int_S v^2(S)\, dS}; \tag{3.3}$$

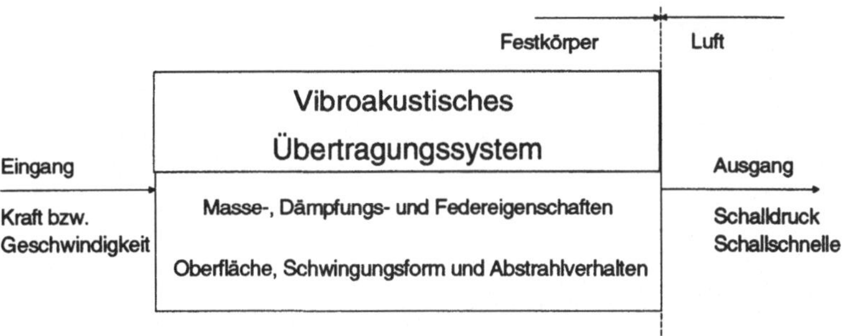

Abbildung 3.2: Black-Box-Modell des vibroakustischen Übertragungssystems

mit der Schalleistung P in W, der Schallkennimpedanz ρc (408 Ns/m^3 für Luft bei Normbedingungen), der Oberfläche S in m^2, der räumlich und zeitlich gemittelten Oberflächen-Schwinggeschwindigkeit $\tilde{\bar{v}}$ in m/s und dem Abstrahlgrad σ (Maß für die Umsetzung von Körperschall in Luftschall) und der effektiven Übertragungsadmittanz ($\equiv$ Beweglichkeit) $\tilde{\bar{h}} = \frac{\tilde{\bar{v}}}{\tilde{F}}$ in m/sN;

- der Punktstrahler für kleine bzw. finite Teil-Quellgebiete der untersuchten Strukturen (Abb. 3.3). Für den Punktstrahler ergeben sich die Schallgrößen zu:

$$\text{Schalldruck} \quad \underline{p} = j\omega\rho\frac{q}{2\pi r}e^{jkr}, \tag{3.4}$$

$$\text{effektive Schalleistung} \quad \tilde{P} = \omega\rho k^2\frac{\tilde{q}^2}{4\pi} \tag{3.5}$$

mit dem Schallfluß q in m^3/s

$$q = \int_S v_n \, dS = \lim_{r\to 0} 4\pi r^2 v_n; \tag{3.6}$$

mit der Kreisfrequenz ω in rad/s, dem Abstand r in m vom Quellgebiet S in m^2, der Wellenzahl k in rad/m und der Schwinggeschwindigkeit v_n normal zur Bauteiloberfläche in m/s;

- der Kugelstrahler nullter Ordnung für kompakte Schallquellen wie z. B. das Getriebegehäuse des Elektrowerkzeuges (vgl. Abb. 4.3)

$$\text{Schalldruck} \quad \underline{p}(r,t) = j(\rho c)\hat{v}\frac{r_0}{r}\frac{kr_0}{1+jkr_0} \cdot e^{j\omega t} \cdot e^{-k(r-r_0)}; \tag{3.7}$$

$$\text{effektive Schalleistung } \tilde{P} \;=\; \rho c \cdot S \cdot \tilde{v}^2 \cdot \frac{r_0{}^2}{4} \cdot \frac{(kr_0)^2}{1+(kr_0)^2}, \tag{3.8}$$

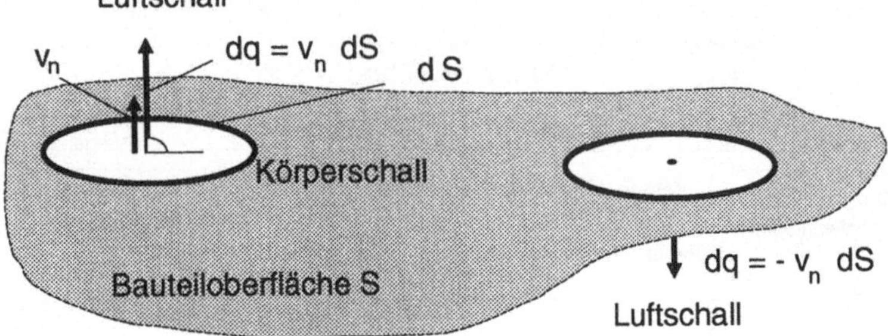

Abbildung 3.3: Modell des Punktstrahlers

mit dem Abstrahlgrad σ und der Oberfläche S:

$$\sigma = \frac{(kr_0)^2}{1+(kr_0)^2}, \quad S = 4\pi {r_0}^2, \quad r_0 \text{ Radius des Kugelstrahlers;} \tag{3.9}$$

- der Zylinderstrahler als Ersatzmodell für zylindrische Hohlkörper wie das Kunststoff-Gehäuse des Elektrowerkzeuges mit der abgestrahlten Schalleistung (vgl. Abb. 4.8):

$$\text{effektive Schalleistung} \quad \tilde{P} = \rho c \; S \; \tilde{\tilde{v}}^2 \; \sigma \tag{3.10}$$

mit

$$\sigma = \frac{2}{\pi \, ka \left|{H_1}^{(1)}(ka)\right|^2}, \tag{3.11}$$

mit der Hankelfunktion 1. Art und 1. Ordnung $H_1^{(1)}$ und dem Zylinderradius a

- der Biegewellenstrahler für unendlich ausgedehnte Platten als grobe Näherung für endliche plattenförmige Werkzeuge (Abb. 3.4). Für den Biegewellenstrahler gilt:

Schalldruckverteilung vor der Plattenoberfläche:

$$p(x,z) = \frac{\underline{v}_n \, \rho c}{\sqrt{(k_B/k)^2 - 1}} \; e^{-jk_B x} \; e^{-j\sqrt{k^2 - k_B^2}\, z}, \tag{3.12}$$

und für die abgestrahlte effektive Schalleistung folgt

$$\tilde{P} = \frac{1}{2}\Re\{\underline{p} \cdot \underline{v}^*\}\, S = \rho c \tilde{v_n}^2 \, S\sigma \text{ mit } \sigma = \frac{1}{\cos\vartheta} = \frac{1}{\sqrt{1 - f_g/f}}; \tag{3.13}$$

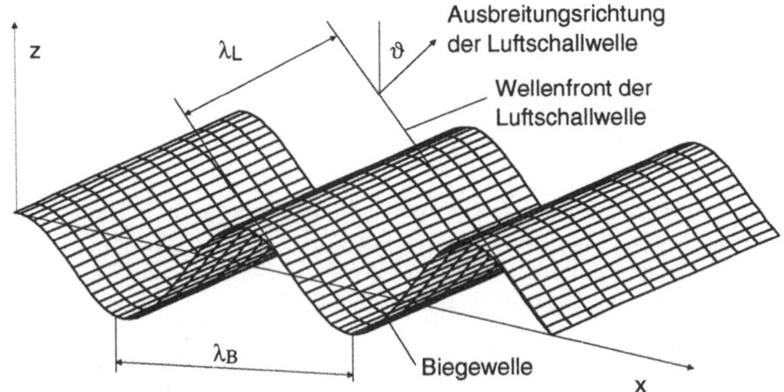

Abbildung 3.4: Luftschallabstrahlung von Biegewellen

mit der Grenzfrequenz f_g, ab der die mechanische Schwingungsenergie vollkommen in Luftschall umgesetzt wird

$$f_g = \frac{c^2}{2\pi}\sqrt{\frac{m''}{B'}}, \tag{3.14}$$

und der Biegewellenzahl k_B in rad/m, der Massenbedeckung m'' in kg/m^2, der Biegesteifigkeit B' in Nm und der Koordinatenrichtung z senkrecht zur Plattenoberfläche.

Diese Modelle besaßen für den Grundlagenforscher bzw. für den Praktiker bisher einen weitgehend akademischen, grundlagenbeschreibenden Charakter zum Ableiten von qualitativen Geräuschminderungsmaßnahmen. Zur Schallfeldbeschreibung war man auf eine Werteversorgung hinsichtlich des Körperschalls durch das Experiment angewiesen. Durch neuere strukturdynamische Berechnungsmethoden wie die FEM oder die REM, die es erlauben, die Schwinggeschwindigkeitsverteilung auf der Bauteiloberfläche bei vertretbarem Aufwand zu ermitteln, erlangen sie zunehmend an praktischer Bedeutung.

Eine Geräuschminimierung stellt entsprechend den oben aufgeführten Berechnungsmodellen in einem ersten Schritt folgende Bedingungen an die Neuentwürfe:

- Minimierung der über die Oberfläche gemittelten, effektiven Schwinggeschwindigkeit $\tilde{\bar{v}}$,

- Reduzierung der abstrahlenden Oberfläche S durch kompaktere Bauweise oder Lochung der Oberfläche, was zusätzlich einen akustischem Kurzschluß begünstigen kann (Druckausgleich zwischen Vorder- und Rückseite einer Platte),

- Verkleinern des Abstrahlgrades σ, dem Wirkungsgrad für die Umsetzung von Körper- in Luftschallenergie, durch eine Beeinflussung von Schwingfrequenz, Wellenzahl der zugehörigen Schwingungsform und Abstrahlfläche.

Aus den Strahlermodellen lassen sich aus den geräuschbestimmenden Größen v, S und σ Gestaltungsregeln konstruktiver Art ableiten. Nach der VDI-Richtlinie „Lärmarm Konstruieren“ [110] kommt der Einfluß von Masse, Dämpfung und Steife bei einer Krafterregung folgendermaßen zum Ausdruck:

$$L_W \simeq 20 \log \tilde{F} - 10 \log |Z_e| - 10 \log \omega - 10 \log \eta - 10 \log m + 10 \log S + 10 \log \sigma \quad (3.15)$$

mit dem Effektivwert der Wechselkraft $\tilde{F}$ in N, der Eingangsimpedanz $|Z_e(f)|$ in Ns/m, der Kreisfrequenz ω in rad/s, dem dimensionslosen Verlustfaktor $\eta = 2 \cdot D_e$ (Materialdämpfung), der Bauteilmasse m in kg, der Gesamtbauteiloberfläche S in m^2 und dem dimensionslosen Abstrahlgrad σ.

Für bestimmte Produkte, wie Werkzeugmaschinen und deren Komponenten [99], wurden bereits Konstruktionskataloge zur Geräuschreduzierung und Richtlinien zur Gestaltung lärmarmer Produkte auf der Basis oben genannter Modelle oder empirischer Erkenntnisse erarbeitet [21, 110, 3]. Eine oberflächliche Übernahme von schalltechnischen Kataloglösungen, falls überhaupt vorhanden, führt jedoch nicht immer zum Erfolg. So kann z. B. eine Versteifung des Bauteils bei einer Geschwindigkeitsanregung zu einer Geräuscherhöhung führen (vgl. nächsten Abschn.). Diesbezüglich wurde von HERMANN [35] beobachtet, daß sowohl Versteifungen durch Rippen eines Getriebegehäuses wie auch eine Schwächung durch Nuten zur Geräuschreduzierung führten. Diese Tatsache verdeutlicht zum einen, daß einfache Geräuschemissionsmodelle sehr wohl prinzipielle Vorschläge zur Lärmminderung liefern können, und zum anderen, daß der „Nicht-Vollblut-Akustiker“ mitunter gut beraten ist, auf Simulationstechniken zurückgreifen, die den mangelnden Erfahrungsschatz oder Kenntnisstand zu kompensieren vermögen.

Im Rahmen dieser Arbeit soll eine sinnvolle Kombination der Beschreibungsmöglichkeiten durch die FEM, durch das analytische Formelwerk sowie durch einen Konstruktionskatalog in der Konzeptions- sowie Entwicklungs- und Simulationsphase den Problemlösungsprozeß optimieren.

An diesem Punkt der Entwicklungsphase stellt sich die Frage

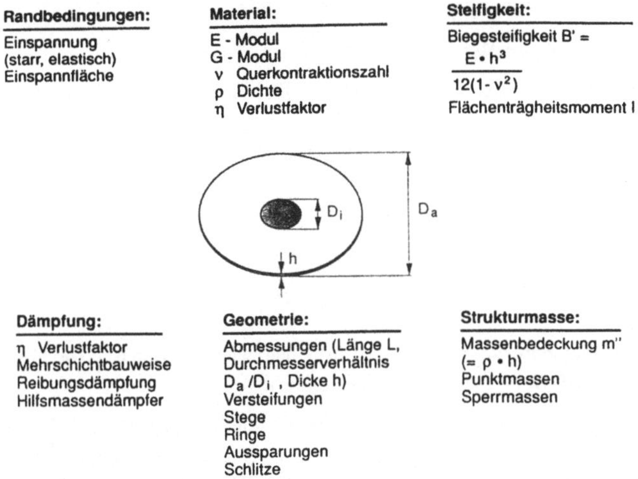

Randbedingungen:
Einspannung
(starr, elastisch)
Einspannfläche

Material:
E - Modul
G - Modul
ν Querkontraktionszahl
ρ Dichte
η Verlustfaktor

Steifigkeit:
Biegesteifigkeit B' = $\frac{E \cdot h^3}{12(1-\nu^2)}$
Flächenträgheitsmoment I

D_i D_a h

Dämpfung:
η Verlustfaktor
Mehrschichtbauweise
Reibungsdämpfung
Hilfsmassendämpfer

Geometrie:
Abmessungen (Länge L,
Durchmesserverhältnis
D_a/D_i, Dicke h)
Versteifungen
Stege
Ringe
Aussparungen
Schlitze

Strukturmasse:
Massenbedeckung m''
(= $\rho \cdot$ h)
Punktmassen
Sperrmassen

Abbildung 3.5: Einflußparameter auf das Bewegungs- und Geräuschverhalten scheibenförmiger Strukturen

- was kann man an den Kreissägeblättern und dem Elektrowerkzeug konstruktiv ändern (qualitativ) und
- wie, wo und in welchem Maße muß man es ändern (quantitativ),

um die abgestrahlte Schalleistung zu mindern ?

Dabei ist vor allem dem Anregungsmechanismus besondere Beachtung zu schenken (Kraft- oder Geschwindigkeitsanregung).

3.2 Lösungsansätze für Kreissägeblätter

Aus den Gl. 3.2 bis 3.15 ergeben sich mit Abb. 3.5 praktisch umsetzbare, konstruktive Lösungsansätze zur Geräuschminderung:

- Verringern der Schallabstrahlfläche S. Die Oberfläche geht sowohl bei Geschwindigkeits- wie auch Krafterregung linear in die abgestrahlte Schalleistung ein ($P \sim S$). Dies ist erreichbar durch:
  - Aussparungen (gleichzeitig akustischer Kurzschluß),
  - Kreissektorförmige Sägeblätter,
  - Ausbildung des Werkzeuggrundkörpers durch Speichen;

- Minderung des mittleren Schnellequadrates ($P \sim \tilde{\tilde{v}}^2$):

  Für Kraftanregung gilt nach SCHIRMER [84] im Bereich von Eigenfreqenzen:

  $$\tilde{\tilde{v}}^2 \sim \frac{1}{\omega\eta S m'' \sqrt{B' m''}} \sim \frac{1}{\omega\eta S c_L \rho^2 d^3}. \tag{3.16}$$

  Für geschwindigkeitserregte Platten gilt folgende Darstellung:

  $$\tilde{\tilde{v}}^2 \sim \frac{1}{\omega\eta S}\sqrt{\frac{B'}{m''}} \sim \frac{c_L d}{\omega\eta S} \tag{3.17}$$

  mit der Plattendicke d in m, dem dimensionslosen Verlustfaktor η und der Longitudinal-Wellengeschwindigkeit c_L in m/s.

  Nach SCHIRMER wird deutlich, wie unterschiedlich sich je nach Erregungsart und Frequenzbereich eine Änderung von Massenbedeckung und Steifigkeit auf die Geräuschentwicklung auswirkt. Die oft geäußerte Feststellung „je steifer desto leiser“ ist z. T. falsch. Konstruktiv läßt sich das mittlere Schnellequadrat u. a. folgendermaßen beeinflussen:

  - Querschnittsänderung (von der Einspannstelle über den Werkzeuggrundkörper zur Werkzeugschneide),
  - Dickenvariation,
  - Verrippung,
  - Erhöhung des Elastizitätsmoduls,
  - Erhöhen der Materialeigendämpfung ($\tilde{v} \sim \frac{1}{\sqrt{\eta}}$ bei breitbandiger Anregung, $\sim \frac{1}{\eta}$ im Resonanzfall),
  - Reibungsdämpfung, Kerben,
  - Mehrschichtbauweise bei Erhöhung des Gesamtverlustfaktors η
  - Hilfsmassendämpfer;

- Erhöhung der Systemmasse ($P \sim 1/\sqrt{m''}$ bei Geschwindigkeitsanregung und $\sim 1/(m''\sqrt{m''}$ bei Krafterregung)

  - Erhöhung der Massenbedeckung m'' (flächenbezogene Masse),
  - Erhöhung der Massendichte,
  - Anbringen von Punktmassen;

- Verringern des Abstrahlgrades ($P \sim \sigma$)

  - ein günstiges Verhältnis von Bauteiloberfläche zu Schwingfrequenz,

- Aussparungen,
- Schwingungsform dahingehend beeinflussen, daß Teilgebiete mit unterschiedlichem Vorzeichen der Schwinggeschwindigkeit auftreten (180^0 Phasenverschiebung),
- Nutzen des akustischen Kurzschlusses durch Lochung des Werkzeug-Grundkörpers.

Beim Entwerfen neuer Werkzeugkonzepte sind die Maßnahmen zur Lärmminderung hinsichtlich ihrer Wechselbeziehungen ganzheitlich zu betrachten, d.h. sie können sich gegenseitig beeinflussen, ergänzen oder aufheben. So kann z.B. eine Versteifung eines Bauteils mit Rippen die Eingangs-Impedanz erhöhen (Beweglichkeit erniedrigen) und somit den Körperschallpegel senken, andererseits infolge der Versteifung den Abstrahlgrad und die gesamte Oberfläche durch die Rippen erhöhen. In solchen Fällen versagt die Abschätzmethode und die Bewertung der Konstruktion muß in der Simulation erfolgen. Eine methodische Variation der konstruktiven Lösungsvorschläge nach Form, Lage, Zahl, Größe und Stoffart (Abschn. 3.3) soll eine ausreichende Lösungsvielfalt unter Berücksichtigung der Randbedingungen aus der Medizin erzeugen, welche rechnerunterstützt (Abschn. 6) auf ihre Tauglichkeit hin kontrolliert werden soll.

Im Sinne einer hohen Arbeitseffizienz ist es selbstverständlich angebracht, die Lösungen verwandter Problemstellungen zu begutachten und daraus Anregungen zur eigenen Lösungsfindung zu erhalten.

Seit Beginn der sechziger Jahre wurden eine Vielzahl konstruktiver und technologischer Maßnahmen zur Lärmminderung an Kreissägeblättern für Leichtmetall-, Holz- und Steinbearbeitung entwickelt (vgl. Abschn. 1.3). Die bisher durchgeführten Untersuchungen befaßten sich im wesentlichen mit primären Geräuschminderungsmaßnahmen, wobei zwischen Maßnahmen zur direkten (Zahnkranzoptimierung) und indirekten Geräuschabstrahlung (Stammblatt, Werkzeuggrundkörper) unterschieden werden muß.

Während bei Sägeblättern aus der Holzbearbeitung eine verbesserte Zahnkranzgestaltung (z. B. optimierter Spanraum) Pegelsenkungen von bis zu 10 dB bewirken kann, wirkt sich bei Werkzeugen aus der Chirurgie die Zahnkranzgestaltung nur unwesentlich auf den Gesamtpegel aus. Schallpegelmessungen nach DIN 45635 [105] ergaben bei Kreissägeblättern (Durchmesser 50 bis 70 mm) mit und ohne Zahnkranz eine Pegeldifferenz L_{pA} auf der Mittellinie des Blattes in 1 m Abstand von vernachlässigbaren 0,5 dB (A). Dies ist folgendermaßen zu erklären:

Bei der kreisförmigen, oszillierenden Bewegung des Sägezahns umströmt die angrenzende Luft diesen und es erfolgt eine Wirbelablösung (Übergang von laminarer zu turbulenter Strömung bei $Re = 10^3$ bis 10^5) von der Zahnhinterseite. Die

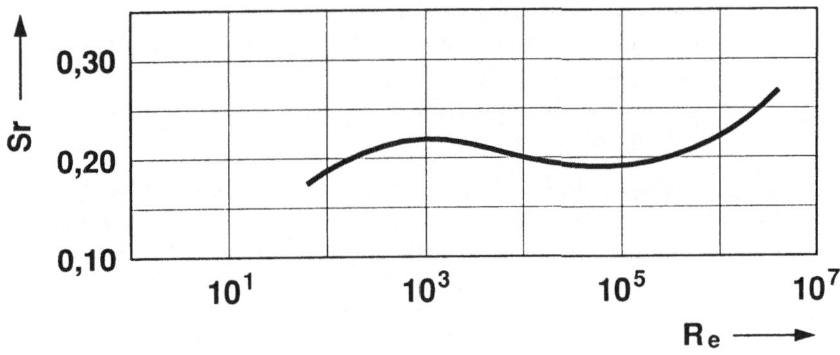

Abbildung 3.6: Strouhal-Reynolds-Diagramm [19]

Grundfrequenz dieser sogenannten Schneiden- oder Hiebtöne ergibt sich nach [85] zu

$$f_{hieb} = \frac{Sr\,u}{s} \tag{3.18}$$

mit

s	charakteristische Länge (hier: Zahnbreite) in m,
Sr	dimensionslose Strouhal-Zahl,
u	Anströmgeschwindigkeit in m/s.

Mit den geometrischen und antriebs-technologischen Größen bei Kreissägeblätter aus der Chirurgie (max. Durchmesser D_{max} = 70 mm, Dicke s = 0,5 mm, Nenn-Drehzahl $n_N = 18000\ \frac{1}{min}$, oszillatorisch) ergibt sich eine Reynoldszahl von 1600, daraus eine Strouhalzahl von 0,22 (Abb. 3.6, [33]) und eine Hiebtonfrequenz von etwa 21,7 kHz, die im Gegensatz zu Kreissägeblättern aus der Holzbearbeitung nicht im Hörbereich des Menschen liegt. Dabei ist

$$Re = \frac{u\,s}{\gamma} \tag{3.19}$$

und $\gamma = 1,5 \cdot 10^5\ \frac{m^2}{s}$ die kinematische Zähigkeit der Luft.

Zudem steigt die zugehörige Schallintensität der Hiebtöne proportional zu u^6 [20], kommt also bei geringen Blattdurchmessern mit entsprechend niedrigen Umfangsgeschwindigkeiten nicht zum Tragen. Von Interesse sind also nur Lärmminderungsmaßnahmen, die die indirekte Schallabstrahlung, verursacht durch Schwingungen des WZ-Grundkörpers, betreffen. Bei der Simulation nach der FE-Methode muß somit der Zahnkranz mit bis zu 160 Zähnen nicht modelliert werden, was eine erhebliche Zeitersparnis vor allem beim Modellaufbau bedeutet.

In Tab. 3.1 sind die wichtigsten Lösungsprinzipien zur Schwingungs- und Geräuschminderung bei Kreissägen von Leichtmetall und Stein zusammengefaßt. Sie beschreibt den gegenwärtigen Stand der Technik bei der Optimierung der Werkzeuggrundkörper (ohne Berücksichtigung des Zahnkranzes). Die Lösungsprinzipien sollen als Anregung zur Lösungsfindung bei scheibenförmigen Werkzeugen verstanden werden.

Zur Überprüfung der zu erwartenden Geräuschminderung und zur Quantifizierung dieser Verbesserungen sind die Lösungsvarianten in skizzenhafte Maßbilder umzusetzen und letztendlich zur strukturdynamischen Berechnung in Finite-Elemente-Datensätze umzusetzen.

3.3 Lösungsansätze für die Antriebseinheit

Zur Verminderung des Gesamtpegels aus Werkzeug- und Antriebsgeräusch sind weitere Lösungsansätze auf der Seite der handgeführten Antriebseinheit zu suchen. Dabei sind sowohl die Reduzierung der Anregung als auch die Minderung der Körperschall- und Luftschallausbreitung die Basis für eine geräuscharme Gestaltung.

Die rotierende elektrische Maschine besitzt mehrere, gleichzeitig vorhandene und in ihrem Enstehungsmechanismus verschiedene Quellen für Geräusche. Eine Bestandsaufnahme aller maßgeblichen Geräuschverursacher des Elektrowerkzeuges und das Ableiten eines Lösungskataloges zur Geräuschminderung soll an dieser Stelle erfolgen.

Um eine Geräuschminderung wirkungsvoll zu betreiben, muß die Geräuschbekämpfung aufgrund der logarithmischen akustischen Gesetzmäßigkeiten immer an den dominanten Geräuschquellen ansetzen. Die einzelnen Geräuschverursacher des Elektrowerkzeuges, die im folgenden nach Entstehungsmechanismus und anteilmäßiger Auswirkung auf das Gesamtgeräusch analysiert werden, sind:

- An- und Abtriebswelle mit Lager,
- Getriebe,
- Gehäuse,
- Lüfter und

Lärmminderung durch	Geräuschminderung ΔL_{pA} in dB in Metall/Holz	Geräuschminderung ΔL_{pA} in dB in Stein	Anmerkungen, Richtlinien
Segmentdämpfer	6 - 9	-	Segmentanzahl o. Einfluß
Ring-/Ringnut-dämpfer	8 - 10	4 - 8	Ringbreite 0,05-0,1 D_a Nuten 0,2-0,3 D_a
Verbundbelag	6 - 10	7 - 9	2 oder mehr Bleche, vollflächig, η hängt vom Flächenbedeckungsgrad ab
Verbundstamm-blatt	8	6 - 8	Luftpolster von 0,2 mm zw. den Blechen
Schichtring	> 10	-	-
gelochtes Blatt	6	-	Sirenentöne bei kreisförmigen Löchern
Laserschlitze	-	6	Länge ca. 25 % des Radius
Faserverbund	-	4	Faseranteil 30 Vol. %
Flanschdämpfer	11	4 - 6	Durchmesser groß
viskoelastische Ein-spannung	8 -10	6 - 8	Stab oder Platten, Abstand 0,2 mm mit Luft oder Fluid i. Zwischenraum
Kapselung	6 - 10	10 - 14	Auskleidung

Tabelle 3.1: Lärmminderungsmaßnahmen an Werkzeuggrundkörpern von Kreissägeblättern aus der Metall-, Holz- und Steinbearbeitung; Sägeblattdurchmesser 400 mm [83, 81, 2, 102, 24, 41, 40]

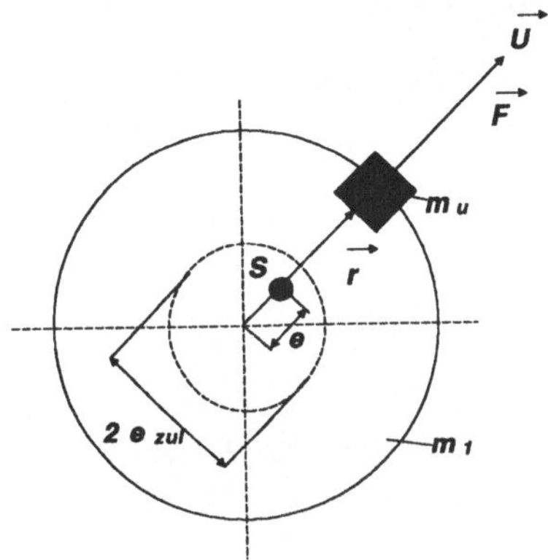

Abbildung 3.7: Zur Entstehung statischer Unwucht

- elektrischer Antriebsmotor.

3.3.1 An- und Abtriebswelle

Der Antriebsstrang besteht im wesentlichen aus einer mit Anker, Kommutator und Exzenter versehenen Antriebswelle, die mit Rillenkugellagern in einem Kunststoffgehäuse gelagert ist, und der Abtriebswelle mit Gabel. Die Abtriebswelle läuft in zwei Gleitlagern, welche in ein Aluminiumgehäuse eingepreßt sind. Als Anregungsmechanismus der Umbauteile, wie z. B. des Gehäuses, kommen Unwuchten der Welle bei hochtourigem Lauf in Betracht. Die Erregung durch statische Unwucht ergibt sich, wenn der Masseschwerpunkt nicht auf der Rotationsachse liegt. Eine Verschiebung des Schwerpunktes aus der Achse um den Abstand e, der sog. Exzentrizität, bewirkt bei einer Rotation der Welle mit der Winkelgeschwindigkeit ω eine radial gerichtete Fliehkraft $\vec{F}$ (Abb. 3.7)

$$\vec{F} = m_u \, \vec{r} \, \omega^2. \tag{3.20}$$

m_u	Unwuchtmasse in kg,
$\vec{r}$	Abstand der Unwuchtmasse von der Drehachse in m.

Kennzeichnend für die gestörte Massenverteilung des Körpers ist der Vektor $m\,\vec{r}$, der als Unwucht $\vec{U}$ bezeichnet und dessen Betrag in g mm angegeben wird. Der maßgebliche Kennwert für die Auswuchtgüte Q umlaufender Maschinenteile ist die Schwerpunktsgeschwindigkeit

$$v_s = e\omega. \tag{3.21}$$

mit

e Exzentrizität in m,
ω Kreisfrequenz in rad/s.

Die Gütegruppe Q 2,5 legt die Toleranz für Kleinmotorenanker mit einer maximalen Schwinggeschwindigkeit von 1 mm/s fest [62]. Daraus läßt sich die Unwucht, die über die Gehäuselagerschalen das Gehäuse zu Schwingungen anregt, ermitteln (FE-Berechnung)

$$F = m\, v_s\, \omega = m\, e\, \omega^2. \tag{3.22}$$

Mit einer Exzentrizität $e = \frac{v_s}{\omega} = 5,3 \cdot 10^{-7}$ m ergibt sich bei einer Rotormasse von 0,29 kg (gemessen) und einer Drehzahl von 18000 1/min eine statische Unwucht von ca. 1 N.

Mit dieser statischen Unwuchtkraft werden das bestehende Gehäuse sowie die neuentwickelten Gehäuse an den Lagerstellen in der Simulation fremderregt und über die Oberflächen-Geschwindigkeitsverteilung die Geräuschemission der Gehäuseschalen ermittelt. Auf diese Weise lassen sich erzielbare Maßnahmenerfolge beispielsweise der Massenbedeckung oder von Versteifungen im Fertigungsvorfeld ermitteln.

Die direkten Geräuschquellen der Wellen selbst sind

- die Wälzlager sowie
- spielbehaftete Teilkomponenten (Abtriebswelle).

Wälzlager können besonders im Bereich kleiner Nennleistungen und hoher Drehzahlen eine nennenswerte Geräuschquelle sein [19]. Ursachen sind der Abrollvorgang im Lager selbst sowie Unwuchtkräfte der Welle, die zu Lagerverformungen führen. Die primär am Lager verursachten Schwingungen breiten sich über die gesamte Gehäuseoberfläche aus und werden als direkter Luftschall abgestrahlt. Die spektrale Verteilung des Wälzlagergeräusches gleicht einem Rauschen mit breitbandigem Maximum zwischen 2 und 5 kHz, während tonale Komponenten eine untergeordnete Bedeutung haben [33]. Der über den gesamten Frequenzbereich abgestrahlte Schalleistungspegel folgt einer empirisch aufgestellten Gesetzmäßigkeit [19]:

$$L_{WA} \approx L_0 + 10 \left[k_n \log \frac{n}{n_0} + k_d \log \frac{d_i}{d_{i,0}} + k_h \log \frac{h_a}{h_{a,0}} \right] \qquad (3.23)$$

Hierbei bedeuten:

$k_n \approx k_d \approx k_h = 1,7 \ldots 2,3$; n Drehzahl in 1/min, $n_0 = 1000$ 1/min Bezugsdrehzahl; d_i Lagerinnendurchmesser in mm, $d_{i,0} = 10$ mm Bezugsdurchmesser; h_a Achshöhe der Maschine in mm, $h_{a,0} = 100$ mm Bezugshöhe; L_0 Kennwert, abhängig von Lagertyp, Lagerqualität etc. $L_0 \leq 55$ dB(A).

LAUCKNER [48] leitet nach einer Reihenuntersuchung von Rillenkugellagern mit einem Innendurchmesser von 10 mm und Außendurchmessern bis zu 35 mm folgenden empirischen Ansatz für die A-bewerteten Schalldruckpegel ab:

$$L_{pA} \approx c_1 \, {d_a}^2 + c_2 \frac{1}{d_i}, \qquad (3.24)$$

mit den Drehzahl-Korrekturwerten c_1 und c_2.

Für ein leises Rillenkugellager muß aufgrund dieses Zusammenhanges bei einem durch das Gehäuse festgelegten Außendurchmesser d_a ein möglichst großer Innendurchmesser d_i gewählt werden.

Ein optimales Geräuschverhalten wird durch einen weitgehend idealen Ablauf des Abrollvorganges der Wälzkörper mit axial spielfrei angestellten Radialrillenkugellagern erreicht. Bei Kleinstmaschinen können anstelle von Wälzlagern wartungsfreie Sintermetallgleitlager eingesetzt werden [19], die höchsten Ansprüchen an geräuscharmen Lauf gerecht werden.

3.3.2 Getriebe

Getriebe mit hohen Drehzahlen sind allgemein als Erzeuger intensiven Schalls bekannt. Bei dem Exzentergetriebe entstehen im Betrieb drehwinkelabhängige elastische Verformungen der belasteten Paarung Exzenter-Gabel. Diese werden infolge der elastischen Eigenschaften und der Trägheitsmomente des rotierenden Systems als Wechselkräfte auf die Lager und somit auf das abstrahlende Gehäuse übertragen. Achslagefehler sowie Lose im Antriebsstrang, die das Gehäuse zu Schwingungen anregen und Luftschall freisetzen, verstärken die funktionsbedingten Verformungen der Gabel und damit die Lagerkräfte.

Die z. Z. vorhandenen Kenntnisse über die Geräuschentstehung bei oszillatorisch arbeitenden Getrieben gestatten noch nicht die analytische Abschätzung der zu erwartenden Schallemission. Der Zahnradgetriebebau weist jedoch auf eine Anzahl von Konstruktionsregeln hin, deren Einhaltung bei geringem Kostenaufwand zur Reduzierung des Getriebegeräusches beiträgt und als Anregung zur eigenen Problemlösung dienen soll [19, 99, 80, 45, 36]:

- Optimale Profilverschiebung, Hochverzahnung,
- Schrägverzahnung,
- Verbreiterung der Verzahnung,
- Erhöhung der Verzahnungsgenauigkeit,
- Kopfrücknahme,
- Dämpfungsglieder im rotierenden System,
- elastisch abgestütztes Gehäuse,
- Längsballigkeit der Zähne,
- Überdeckungsgrad erhöhen, ganzzahlig
- Lage- und Formfehler aller Art (Teilungsfehler, Achsparalellität etc.) vermeiden,
- Verwendung von Kunststoffrädern hoher Oberflächengüte,
- Erhöhen der Oberflächengüte (Härten und Schleifen).

Für Stirnrad-, Kegelrad-, Planeten- und Schneckengetriebe kann die Abhängigkeit des Schalleistungspegels L_{WA} von der übertragbaren mechanischen Leistung durch eine logarithmische Regressionsfunktion, die in Reihenuntersuchungen ermittelt wurde, dargestellt werden [45]:

$$L_{WA} = A + B \cdot \log \frac{P}{P_0} \tag{3.25}$$

Dabei ist:

L_{WA} der A-bewertete Schalleistungspegel in dB(A); P die Leistung bei Messung in kW; P_0 die Bezugsleistung 1 kW; A und B Regressionskoeffizienten, z. B. für Stirnradgetriebe $A = 77,1$ und $B = 12,3$.

Die Verringerung der Körperschallentwicklung und -leitung des gesamten Antriebsstranges auf das Gehäuse kann bei einer Änderungskonstruktion u. a. durch eine

- günstige Werkstoffwahl des Getriebes,

- Dämpfung der Lager,
- Verkleinerung der bewegten Massen,
- ein möglichst spielfreies Konzept zur Vermeidung von Stößen und
- Isolierung von Antriebswelle und Gehäuse durch elastomere Federelemente

erreicht werden.

Die Minderung der Körperschallübertragung von dem Exzenter-Getriebe auf die Gehäusebauteile läßt sich durch eine günstige Materialwahl unter Vermeidung von Spiel am effektivsten optimieren.

3.3.3 Gehäuse

Das Gehäuse selbst bildet die größte Abstrahlfläche für den indirekten Schall. Werkstoff und Geometrie stellen die wichtigsten Faktoren zur Geräuschentstehung dar. Als Lösungsansätze zur Geräuschreduzierung bieten sich an:

- Verrippung des Gehäuses, asymmetrisch,
- Versteifung des Gehäuses,
- effizienter Materialeinsatz,
- Verwenden von Materialien mit hoher innerer Dämpfung,
- Erhöhen der Massenbedeckung.

Die Wirkung eines Materialwechsels kann bei Gehäusestrukturen durch folgenden funktionalen Zusammenhang dargestellt werden [19]:

$$\Delta L_P = 10 \log \left[\left\{ \frac{\eta_2}{\eta_1} \right\}^{-1} \left\{ \frac{\rho_2}{\rho_1} \right\}^{-2,5} \left\{ \frac{E_2}{E_1} \right\}^{+0,5} \left\{ \frac{d_2}{d_1} \right\}^{-1} \right], \qquad (3.26)$$

η	dimensionsloser Verlustfaktor des Materials,
ρ	Dichte des Materials in kg/m^3,
E	Elastizitätsmodul in N/m^2,
d	Dicke der Gehäusewand in m,
$_{1,2}$	Index 1 Ausgangsstruktur, Index 2 modifizierte Struktur

wobei folgende Gestaltungsvorgaben berücksichtigt sind:

konstante flächenbezogene Masse ρd = konst., Biegesteifigkeit Ed^3 = konst.

Alle Verbesserungsvorschläge hinsichtlich des Gehäuses zeigen nur dann eine große Wirkung, wenn sie in Zonen hoher Schwinggeschwindigkeit Anwendung finden. Die betroffenen Gebiete müssen in der Simulation nach der FE-Methode ermittelt werden.

3.3.4 Lüfter

Um den Anteil des Lüfters am Gesamtschallpegel festzustellen, müssen die Konstruktionsmerkmale und Betriebszustände aufbereitet und in einen funktionalen Zusammenhang gesetzt werden. Für Radialventilatoren konnte aus dem einschlägigen Schrifttum folgendes Formelwerk zur Berechnung des Schalleistungspegels zusammengestellt werden (Tab. 3.2):

Quelle	Schalleistungspegel L_W	L_{Wi}
BOMMES[5]	$L_{WB} + 10 \log \frac{A}{A_0} + 10 \log \frac{u}{u_0} + 5(\gamma - 1) \log \frac{\rho}{\rho_0}$	$L_{WB} = 37\,\text{dB}$
FASOLD[19]	$L_{WF} + 60 \log \frac{u}{u_0} + 10 \log \frac{d_a b}{d_0 b_0}$	$L_{WF} = 15 \ldots 20\,\text{dB}$
MADISON [56]	$L_{WM} + 10 \log \frac{\dot{V}}{\dot{V}_0} + 20 \log \frac{\Delta p}{\Delta p_0}$	$L_{WM} = 37\,\text{dB}$
ECK[13]	$L_{WE} + 10 \log \left[\Delta p \dot{V} (\frac{1}{\eta} - 1) \frac{10^3}{102} \frac{u^m}{c^m}\right]$	$L_{WE} = 10\text{dB}$

Tabelle 3.2: Formelwerk zur Schalleistung von Lüftern

mit

A	projizierte Lüfterfläche $A = \pi {d_a}^2/4$ in m^2 ,
A_0	Bezugsfläche 1 m^2,
c	Schallgeschwindigkeit in m/s,
d_a	Lüfteraußendurchmesser in mm,
d_i	Lüfterinnendurchmesser in mm,
d_0	Lüfterbezugsdurchmesser d_0 = 1 mm,
Δp	Druckdifferenz in Pa,
Δp_0	Bezugsdruckdifferenz Δp_0 = 1 Pa,

L_i	spez. Schalleistungspegel in dB (vgl. VDI 2081 [107]),
u	Lüfterumfangsgeschwindigkeit in m/s,
u_0	Bezugsumfangsgeschwindigkeit $u_0 = 1$ m/s,
$\dot{V}$	Volumenstrom in m^3/s,
$\dot{V}_0$	Bezugsvolumenstrom $\dot{V}_0 = 1\ m^3/s$,
γ	Mach-Zahl-Exponent ($\gamma \approx 5$ nach [5]),
ρ	Dichte des Strömungsmediums in kg/m^3,
ρ_0	Bezugsdichte $\rho_0 = 1 kg/m^3$.

Mitbestimmend für die abgestrahlte Schalleistung sind die Betriebs- und Konstruktionsparameter Umfangsgeschwindigkeit u, der Lüfterdurchmesser d_a, der Volumenstrom $\dot{V}$, die Schaufelbreite b sowie die durch die Strömung aufgebaute Druckdifferenz Δp. Durch eine mäßige Reduzierung des Außendurchmessers kann die Schallabstrahlung bei geringfügigem Kühlungsverlust gemindert werden.

Neben den Bemessungsformeln konnten folgende konstruktive Gestaltungsregeln zur Lüftergeometrie gesammelt werden:

- Schaufeln rückwärts gerichtet und gekrümmt.

  Die Krümmung wird durch den Strömungsaustritts-Winkel β_2, die Richtung durch den Strömungseintritts-Winkel β_1 (vgl. Abb. 3.8) definiert. Lüfterräder mit einem Austrittswinkel von $\beta_2 = 120° \ldots 130°$ und mit einem Eintrittswinkel von $\beta_1 > 90°$ zeigen die niedrigsten Geräuschemissionen [48].
- Anzahl der Schaufeln erhöhen (Obertöne werden in Ultraschallbereich gehoben),
- radialen Luftspalt vergrößern (Senken der Umfangsgeschwindigkeit und des Ventilator-Durchmessers, geringerer Turbulenzgrad im Luftspalt zwischen Lüfter und Gehäuse),
- symmetrische Schaufelteilung wählen,
- alle Schaufeln gleich lang gestalten,
- Einström- und Ausströmbereich turbulenzarm gestalten, d. h. Strömungshindernisse vermeiden.

3.3.5 Elektrischer Antriebsmotor

Die Schallentstehung im Universalmotor setzt sich zusammen aus

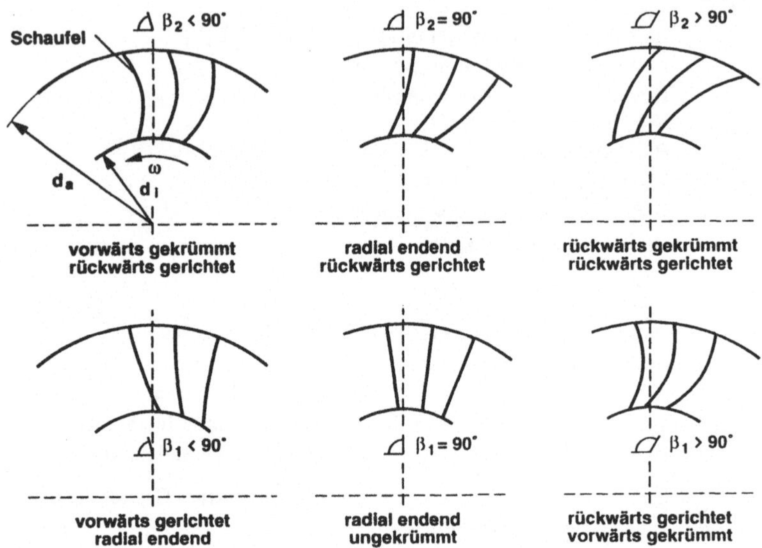

Abbildung 3.8: Konstruktionsmerkmale am Radiallüfter

- magnetischen Geräuschen,
- aerodynamischen Geräuschen (Strömung zwischen Ständer und Läufer) und
- Bürstengeräuschen.

Die periodischen Schwankungen des elektromagnetischen Feldes (Luftspaltfeldes), das sich zwischen Rotor und Stator aufbaut, und der Wicklungsströme des Universalmotors führen zu Wechselkräften, die die Motorbauteile zu Schwingungen anregen und damit zur Quelle von Körper- und Luftschall werden (Abb. 3.9). Des weiteren entstehen Geräusche durch Luftspaltschwankungen, die durch die Nutung des Läufers hervorgerufen werden. Da die Wechselkräfte ein Spektrum diskreter Frequenzen aufweisen, setzt sich auch der abgestrahlte Luftschall aus mehreren Tönen zusammen. Das gleichzeitige Vorhandensein des Luftspaltfeldes (Induktion $\vec{B}$ in Teslar = T, Induktionskonstante $\mu_0 = 1,257 \cdot 10^{-6}$ Vs/Am) und der stromdurchflossenen Leiter an den Grenzflächen Luft-Eisen führt zu folgenden, im Grenzflächenbereich von Rotor und Stator angreifenden Kräften:

- Maxwell' sche Kräfte (direkt angreifend), deren Richtung an jeder Stelle senkrecht zur Eisenoberfläche ist und die eine Zugspannung σ von

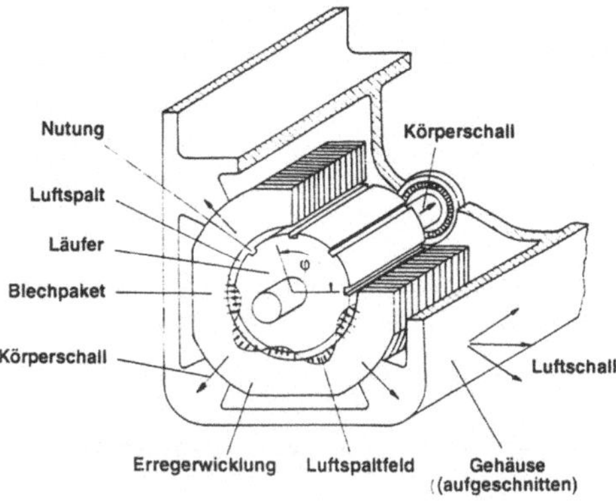

Abbildung 3.9: Feldbild des Elektromotors

$$\sigma = \frac{|\vec{B}|^2}{2\mu_0} \tag{3.27}$$

zur Folge haben.

- Biot-Savart-Kräfte (indirekt über die Leiter (Strom I in A, Länge l in m) [33] angreifend)

$$\vec{F} = \vec{B} \times I\ l \tag{3.28}$$

und

- sog. magnetostriktive Kräfte im Eisen, durch die das vom Magnetfeld durchflutete Eisen eine Dehnung ϵ nach folgendem Gesetz erfährt [33]:

$$\epsilon = \sum_{i=1}^{n} a_i\ |\vec{B}|^{2i} \tag{3.29}$$

wobei die Koeffizienten a_i mit wachsender Ordnung i abnehmen. Pulsiert die Induktion $\vec{B}$ mit einer Frequenz von f_0, so führt das Eisen eine Schwingung mit geradzahligen Vielfachen $2f_0, \ldots, 2nf_0$ aus, also bei einer Netzfrequenz von 50 Hz Schwingungen von 100 Hz, 200 Hz, $\ldots, n \cdot 100$ Hz. Die durch die Magnetostriktion verursachten Schallanteile sind im allgemeinen vernachlässigbar gegenüber den von Maxwell' schen- und Biot-Sarvat-Kräften verursachten tonalen Schallkomponenten [33].

Zur Geräuschreduzierung lassen sich folgende Maßnahmen ableiten:

- Versteifung von Stator und Rotor,
- die Eigenfrequenzen von Stator und Rotor dürfen nicht in der Nähe der Antriebsfrequenz liegen,
- Ändern der Nuten
  - Ändern der Nutenzahl, um eine Anregung von Bauteilen (Stator oder andere Komponenten) zu vermeiden,
  - schräge bzw. geschlossene Nuten vermindern die Schallentstehung [10],
- Vergrößern der Luftspaltbreite von b_1 auf b_2, was den Geräuschpegel nach [33] um ΔL senkt:
$$\Delta L = 40 \log \frac{b_1}{b_2} \tag{3.30}$$

Das aerodynamische Geräusch eines Elektomotors entsteht durch die Rotation des Läufers, der regellose Wirbelablösungen und somit Druck- und Geschwindigkeitsschwankungen der Luft induziert. Nach HECKL [33] gilt allgemein, daß allein der aerodynamische Geräuschanteil bei Umfangsgeschwindigkeiten des Rotors und des angebauten Lüfters von mehr als 50 m/s das verrauschte Gesamtgeräusch bestimmt. Anhand empirischer Gesetzmäßigkeiten kann der aerodynamische Rausch-Leistungsanteil P_R vorausbestimmt werden:

$$P_R = \gamma_0 \left(\frac{u}{c}\right)^{5,5} S. \tag{3.31}$$

In Pegeldarstellung ergibt sich ein Meßflächenschalldruckpegel L_p mit dem über die Bezugsintensität I_0 bezogenen Richtwert γ_0 gemäß

$$L_p = 155 + 10 \log \frac{u}{c} + 10 \log \frac{S}{S_M} \tag{3.32}$$

mit

u	Umfangsgeschwindigkeit des Rotors in m/s,
c	Schallgeschwindigkeit in m/s,
S	Manteloberfläche des Rotors in m^2,
S_M	Meßfläche bei Schalldruckpegel-Messung in m^2,
γ_0	Faktor γ_0 = f(Oberflächenrauhigkeit, umgebendes Fluid), Richtwert $\gamma_0 = 3 \cdot 10^3 \mathrm{W/m^2}$ [33].

Als Geräuschminderungsmaßnahmen für das aerodynamische Geräusch bieten sich an:

- Verminderung der Drehzahl,
- Verkleinern der Rotor-Oberfläche.

Bei dem vorliegenden Universalmotor mit Kommutator entstehen Bürstengeräusche durch periodische Stöße (Rattern), Reibschwingungen (Quietschen) und Lose (Rasseln) zwischen Kontaktlamellen (n_L Lamellenanzahl) und Kohlebürsten.

Rattern ist eine Folge der Oberflächen-Rechteck-Welligkeit lamellierter Kommutatoren. Es tritt tonal mit ganzzahligen Vielfachen des Produktes aus Drehfrequenz f und Lamellenzahl n_L auf:

$$f_R = if \cdot n_L \quad \text{mit } i = 1, \ldots, n; \quad i = 1 \quad \text{Grundfrequenz.} \tag{3.33}$$

Das Rattergeräusch ist progressiv drehzahlabhängig. Eine Verdopplung der Drehfrequenz bringt eine Pegelzunahme von bis zu 12 dB [19] mit sich. Das Rattergeräusch kann wirkungsvoll durch verminderte Schlitzbreiten, scharfkantige Lamellen und ausreichend breite Bürsten reduziert werden. Quietschen (tonal hochfrequent) wird durch Reibschwingungen hervorgerufen, ist kaum drehzahlabhängig und kann daher schon bei kleinsten Drehzahlen stören. Durch Dämpfungsbeilagen zwischen Bürste und Anpreßfeder kann dieses Phänomen wirkungsvoll bekämpft werden. Infolge von Lose zwischen Bürsten und Halterung kann ein breitbandiges hochfrequentes Rasselgeräusch auftreten. Durch Schrägstellen der Bürsten und tangentiale Vorspannung derselben läßt es sich mindern.

Alle hochfrequenten Bürstengeräuschanteile können durch ein dichtschließendes Gehäuse abgeschirmt werden. Voraussetzung dafür ist, daß die Körperschallübertragung von den Bürsten auf das Gehäuse verhindert wird.

3.4 Methodische Variantenerzeugung

Im Sinne der Konstruktionsmethodik [109, 15] ist es zunächst wichtig, sämtliche Anforderungen an das Lösungskonzept zu sammeln. Diese Anforderungen sind im weiteren Verlauf von Bedeutung, da sie Bestandteil der Bewertungskriterien zur Auswahl der gefundenen oder erzeugten Lösungsvarianten sind. Aus der Zielsetzung der Arbeit kann folgende Anforderungsliste bzw. folgendes Plichtenheft fixiert werden:

- Als Trennprozeß soll weiterhin die spanende Formgebung durch Sägen beibehalten werden (handgeführte Antriebseinheit und Sägeblätter);

- der Geräuschpegel soll möglichst weit gesenkt werden;
- Sägespalt ≤ 1 mm;
- medizinische Geräte müssen hygienisch, wiederstandsfähig gegenüber Desinfektionsmitteln und sterilisierbar sein (Vakuum, hohe Temperaturen, Bestrahlung);
- vernünftiger Rahmen bzw. Umfang der Modellbildung, d. h. die Komplexität des Simulationsmodelles soll in Grenzen gehalten werden;
- Die Simulations-Rechenläufe müssen in einem zeitlich und kostenmäßig vertretbaren Rahmen möglich sein;
- Realisierbarkeit der Neuentwürfe von Werkzeugen bzw. Änderungskonstruktionen für das Elektrowerkzeug aus technologischer und wirtschaftlicher Sicht.

Da als Fertigungsprozeß weiterhin Sägen eingesetzt wird, ist es aus konstruktionsmethodischer Sicht nicht erforderlich, Funktionsstrukturen für die Trennmaschine, den Trennvorgang und das Werkzeug aufzuzeigen und zu variieren [15, 77]. Die zur Problemlösung notwendige Veränderung der Untersuchungsobjekte wurde teils intuitiv, teils methodisch und mittels Anregungen durch Lösungen analoger Problemstellungen entwickelt.

3.4.1 Variation der Kreissägeblätter

Folgende übergeordnete Lösungsprinzipien kristallisierten sich für die Werkzeuge heraus.

- Aussparungen,
- Speichen,
- Schlitze,
- Kerben,
- Segmentblätter,
- Dämpfungsschichten,
- Querschnittsvariation,
- geschichtetes Blatt,

- Massenbedeckung.

Diese grundlegenden Prinzipien werden in der Simulation geprüft und bei Eignung weiter verfolgt, d. h. nach Form, Lage, Zahl, Größe und Stoffart variiert, um die Wirkung jedes Lösungsprinzips weitestgehend optimieren zu können. Abb. 3.10 veranschaulicht den Variationsprozeß anhand des Lösungsprinzips „Aussparung" stellvertretend für andere Prinzipien. Die Form der Aussparung kann als Kreis, Trapez, Langloch, Rechteck oder mit beliebiger Gestalt ausgeführt sein. Die Lage derselben kann innen, außen, radial, azimutal oder regellos angeordnet sein. Des weiteren kann die Zahl der verwendeten Formen, Reihen, Lagen und Symmetrieachsen variiert, sowie z. B. Radien, Längen, Winkel und der Lochanteil einer Größenvariation unterzogen werden. Dem Lösungsprinzip „Aussparung" wird besondere Beachtung geschenkt, da es neben einer schalltechnischen Verbesserung zusätzlich folgende technologische Vorteile bietet [1]:

- Geringere Wärmeentwicklung und somit eine verminderte Gefahr von Hitzenekrosen bzw. Verklemmen des Blattes;
- Schnittabfälle bleiben weniger am Sägeblatt haften;
- Das bearbeitete Gewebe wird weniger zum Bluten angeregt.

Zudem lassen sich aus fertigungstechnischer Sicht Aussparungen leichter realisieren als z. B. Dämpfungsschichten oder Querschnittsvariationen. Aufgrund der immensen Lösungsvielfalt mußten die neu entstandenen Werkzeugkonzepte mit einer Beurteilungsliste in Anlehnung an die aufgestellte Anfordungsliste „gesiebt" werden [32]. Die Variation anderer Lösungsprinzipien wie Schlitze, Massenbedeckung etc. werden aus Platzgründen an dieser Stelle nicht vorgestellt. Sie sind jedoch den FEM-Modellen (Abschn. 3.5 bzw. Anhang A) zu entnehmen.

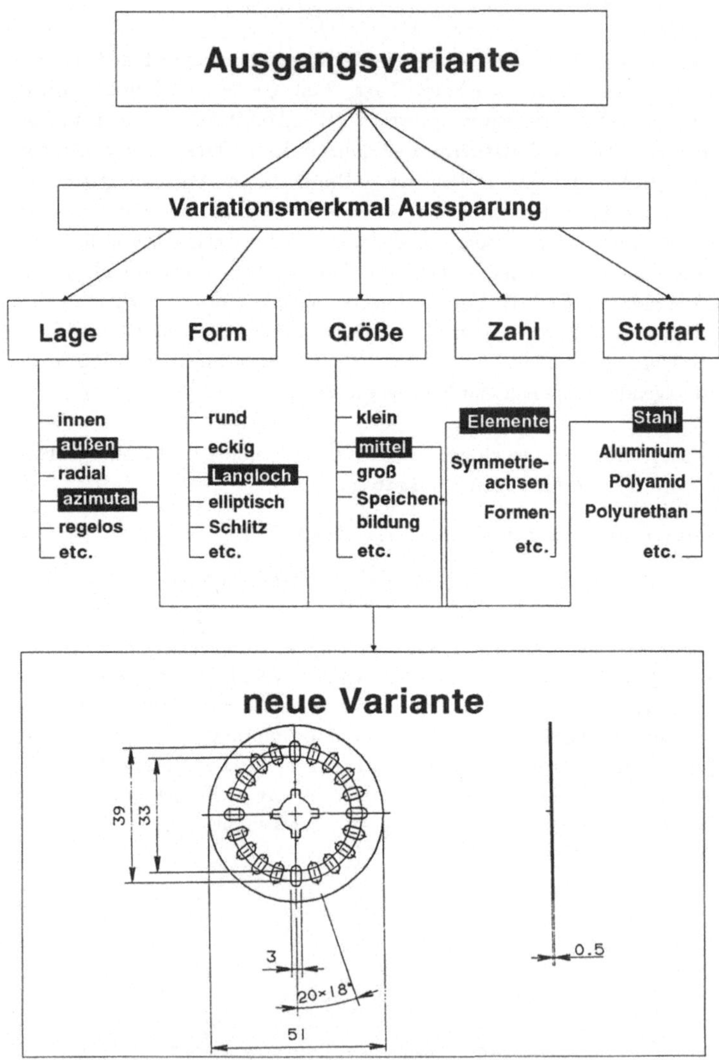

Abbildung 3.10: Möglichkeiten zur Variation von Aussparungen

3.4.2 Variation der Antriebseinheit

Da die Antriebseinheit einen im Gegensatz zu den Werkzeugen sehr viel komplexeren Aufbau mit vielen Teilkomponenten zeigt, ist es angebracht, von einer detaillierten Variation der vorgestellten, erfolgversprechenden Verbesserungsmaßnahmen aller Komponenten mit nachfolgender Simulation abzusehen. Dies würde den Rahmen der vorliegenden Arbeit sprengen. Neben dem erforderlichen zeitlichen und numerischen Aufwand muß auch die Erfolgsaussicht einer ganzheitlichen mathematisch-physikalischen Nachbildung aller Teilkomponenten in Simulationsmodellen bei sowohl strömungsmechanisch, magnetisch wie auch schwingungstechnisch geprägten Schallverursachern in Frage gestellt werden (z. B. wegen mangelhafter Parameterversorgung). Dennoch sei auf die Möglichkeit und Potentiale heutiger leistungsfähiger Finite- und Randelementprogramme zur Magnetfeldberechnung von Elektromotoren oder zur Auslegung strömungstechnischer Anlagen wie Lüfter, hingewiesen (z. B. ANSYS, FLOTRAN, PHOENICS, PROFI [31], FEMAG [72]).

An diesem Punkt stellt sich die Frage, wo sich eine Simulation lohnt bzw. wo sie sinnvoll ist. Außerdem ist zu ergründen, wann man besser beraten ist, auf Lösungskataloge, analytische Modelle und Gestaltungsrichtlinien und Bemessungsformeln zurückzugreifen und der eigenen Problemstellung anzupassen, mit dem bereits erwähnten Unsicherheitsfaktor, daß eine Übertragung von bewährten Prinzipien ähnlicher Strukturen nicht immer zum optimalen Erfolg führt.

Sinnvoll und auch erfolgversprechend scheint aus ingenieurwissenschaftlicher Sicht, in einem ersten Schritt das Nutzen-/Aufwand-Verhältnis oder die prinzipielle Durchführbarkeit einer rechnergestützten Geräusch-Simulation an den Einzelkomponenten Gehäuse und Antriebsstrang, Elektromotor und Lager sowie Lüfter abzuschätzen. Bei zu hohem Aufwand soll der Schwerpunkt der Optimierungphase von der Simulation weg zu einem Anpassen der abgeleiteten Gestaltungsregeln an das vorliegende Elektrowerkzeug verlagert werden.

Die Schwachzonen des Gehäuses als indirekt wirkende Schallquelle können rechnergestützt durch eine strukturdynamische Analyse (NASTRAN) ermittelt werden, indem die schwingungsfreudigen Abschnitte in einer theoretischen Modalanalyse identifiziert werden. Ebenso problemlos kann die Schwinggeschwindigkeits-Verteilung auf der Oberfläche durch die Anregung seitens des Antriebsstranges nach der FEM analysiert werden. Von Seiten des Gehäuses soll durch

- Versteifungen des Gehäuses an den schwingungsintensiven Zonen und
- erhöhte Massenbedeckung des Gehäuses in den schwingfreudigen Gebieten

eine Geräuschminderung erreicht werden.

Das Getriebe bedarf entsprechend der Erkenntnisse aus den experimentellen Voruntersuchungen ebenfalls einer Verbesserung. Besonders kritisch scheint die Kontaktzone zwischen Gabel und Exzenter mit der Materialpaarung Stahl-Stahl sowie das axiale Spiel der Abtriebswelle zu sein. Eine

- Kunststoffausführung der Gabel sowie
- eine möglichst spielfreie Abtriebswelle

soll in die Änderungskonstruktion einfließen, konstruktiv und fertigungstechnisch umgesetzt sowie die Wirkung experimentell getestet werden. Hier sei man sich bewußt, daß Kunststoffe wie z. B. Polyamid, welches häufig bei Zahnrädern von Elektrowerkzeugen verwendet wird oder Polytetraflourethylen (Teflon) weit weniger verschleißfest und steif sind als Stahl. Ein serienreifes Produkt sollte zur Vermeidung der zuletzt genannten Nachteile einen stählernen Kern mit Kunststoffbeschichtung aufweisen.

Aus den experimentellen Voruntersuchungen ergibt sich die Notwendigkeit einer Geräuschminderung am Radiallüfter. Folgende erfolgversprechende Gestaltungsprinzipien, die der aufbereitete Lösungskatalog und das Formelwerk nach Tab. 3.2 empfiehlt, werden auf den Lüfter übertragen und im Experiment auf Wirksamkeit getestet (Abschn. 6):

- Schaufeln rückwärts gerichtet und gekrümmt,
- Anzahl der Schaufeln erhöhen (Obertöne werden in Ultraschallbereich gehoben),
- radialen Luftspalt vergrößern (Senken der Umfangsgeschwindigkeit und des Ventilator-Durchmessers, geringerer Turbulenzgrad im Luftspalt zwischen Lüfter und Gehäuse),
- symmetrische Schaufelteilung wählen,
- alle Schaufeln gleich lang gestalten,
- Einström- und Ausströmbereich turbulenzarm gestalten, d. h. Strömungshindernisse vermeiden.

Abb. 3.11 zeigt den neuentwickelten Lüfter. Im Rahmen einer Änderungskonstruktion soll die Komponente „Elektromotor mit sämtlichen Geräuschquellen“ in der

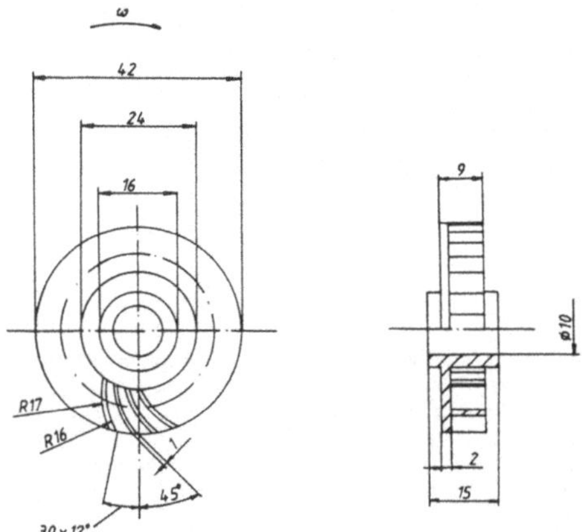

Abbildung 3.11: Neue Lüfterkonstruktion. Maßstab 1:1, Maße in mm, Werkstoff: Polyamid

rechnergestützten Optimierung aus oben genannten Gründen ausgeklammert werden. Magnetische Geräusche treten in der Regel nur bei offenen Maschinen deutlich zum Vorschein und können durch Kapselungen wirksam gedämmt werden. Eine Simulation und Manipulation des Strömungsfeldes als direkte Geräuschquelle zwischen Stator und Rotor ist prinzipiell denkbar. Die zu gewinnenden Erkenntnisse wären jedoch nur innerhalb einer absoluten Neuentwicklung des Elektroantriebs umzusetzen. Die Wälzlagergeräusche sind vernachlässigbar und werden nicht weiter verfolgt.

3.5 Umsetzung der Varianten in mathematisch physikalische Modelle

Die Modellbildung beansprucht den Großteil der Zeit, die insgesamt für eine strukturdynamische Analyse aufgewendet werden muß, und sie bestimmt maßgeblich die Güte des Resultates. Aus diesem Grund wird an dieser Stelle die Vorgehensweise, nach der jeder Modellierungsvorgang ablief, schematisch zusammengefaßt (Abb. 3.12) und auf objektbezogene Besonderheiten hingewiesen. Der Aufbau der Kreissägeblätter und des Elektrowerkzeuges erfolgte mit den Preprozessoren PATRAN [67] bzw. MSC/mod [50] an einer VAX/GPX bzw. einem PC-AT 386 nach Industriestandard.

Jede Struktur wird durch eine bestimmte Anzahl von Elementen, die sich aus der

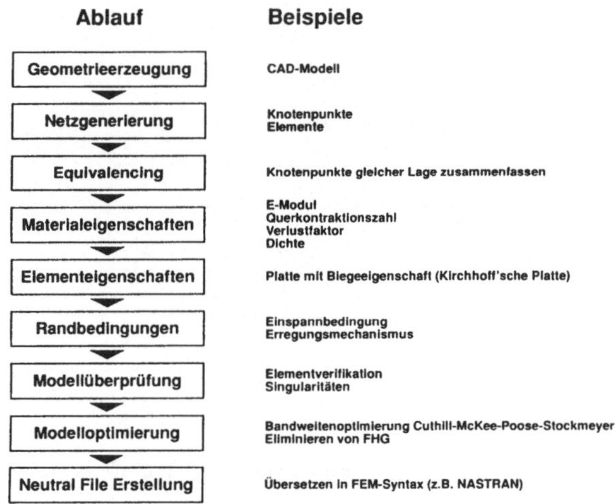

Abbildung 3.12: Ablauf der Modellbildung

Minimierung von numerischen Fehlern (Rundungsfehlern) bei zu großer Netzdichte und aus Diskretisierungsfehlern bei zu geringer Netzdichte ergibt, optimal abgebildet. Am Beispiel des Kreissägeblattes wird die reale Struktur mit ca. 80 bis 150 Elementen gut diskretisiert. Um die Rechenzeit (CPU-Zeit) zu verkürzen, gewährt man jedem Knotenpunkt anstatt der üblichen 6 Freiheitsgrade (FHG) nur noch einen translatorischen (Richtung senkrecht zur Plattenebene) und zwei rotatorische FHG in der Plattenebene. Dadurch ergeben sich nur geringfügige Abweichungen der Eigenfrequenzen im Promille-Bereich, aber eine erhebliche Reduzierung der Kern-Rechenzeit.

Den FE-Modellen der neuen Werkzeuggrundkörper ist eine Werkstoffliste mit den zur numerischen Berechnung notwendigen Materialdaten (Abb. 3.13) vorangestellt. Die darin aufgeführten Kunststoffe erfüllen die spezifischen Anforderungen aus der Medizin und werden wegen ihrer guten Materialdämpfungseigenschaften auf Eignung getestet. Sie sind beständig gegen siedendes Wasser, Bestrahlung und Desinfektionsmittel [57].

Tab. 3.3 gibt eine Übersicht und Kurzcharakterisierung aller untersuchten Werkzeugstrukturen. Auf den folgenden Seiten wird aus Platzgründen stellvertretend für jedes einzelne Lösungsprinzip jeweils nur ein Neuentwurf vorgestellt (Abb. 3.14

Sägeblattwerkstoff	Elastizitätsmodul E in 10^{11} N/m^2	Schubmodul G in 10^{10} N/m^2	Dichte ρ in 10^3 kg/m^3	Verlustfaktor η dimensionslos
Stahl St	2,25	8,7	7,85	10^{-4}
Aluminium Al	0,78	2,8	2,7	10^{-3}
Messing CuZn	0,9	3,5	8,8	10^{-3}
Polyamid PA	0,015...0,04	0,02	1,1	0,13
Polyethylen PE	0,0027...0,0054	0,01...0,02	0,92	0,1...0,18
PolyurethanPUR	3,0 10^{-7}	3,5 10^{-4}	0,75	0,21
PMMA	0,033	0,17	1,13	0,03...0,06
Faserverbund EP-GF	0,1	0,376	1,6	0,008
Epoxidharz	0,03225	0,1172	1,2	0,026

Abbildung 3.13: Werkstoffliste zur Variation der Stoffart [104, 79, 30, 9]

bis Abb. 3.16). Die übrigen Entwürfe sind dem Anhang zu entnehmen.

Sämtliche Neukonstruktionen der Kreissägeblätter werden in Abschn. 6 rechnergestützt auf Tauglichkeit geprüft.

Zur Berechnung der indirekten Schallabstrahlung der Antriebseinheit muß diese ebenso wie die Werkzeugstrukturen in Finite-Elemente-Modelle umgesetzt werden. Abb. 3.17 zeigt eine Prinzipskizze des Elektrowerkzeuges mit den drei wesentlichen Komponenten

- Antriebsstrang,
- Kunststoffgehäuse und
- Aluminiumgehäuse.

Im folgenden soll die z. T. hybride Modellbildung (Antriebsstrang) soweit wie nötig beschrieben werden.

Die An- und Abtriebswelle wurde mit Balkenelementen diskretisiert, die Zug- bzw. Druck-, Biege- und Torsionsbeanspruchungen aufnehmen können. Für die jeweiligen Wellenabsätze sind die Querschnittsfläche A, das Flächenträgheitsmoment bezüglich beider Hauptachsen I_1 und I_2 sowie das polare Flächenträgheitsmoment I_p aus den geometrischen Abmessungen (Durchmesser d) zu ermitteln und in den

Lösungsprinzip	Kurzcharakterisierung	Kennung
Aussparung	8 H-förmige Aussparungen	A1, s. Anhang A
	10 kreisförmige Aussparungen ø5 mm	A2, s. Anhang A
	5 kreisförmige Aussparungen ø7 mm	A3, s. Anhang A
	10 quadratische Aussparungen	A4, s. Anhang A
	8 rechteckförmige Aussparungen	A5, s. Anhang A
	12 rautenförmige Aussparungen	A6, s. Anhang A
	40 kreisförmige Aussparungen ø3 mm	A7, s. Anhang A
	10 kreisförmige Aussparungen ø7mm	A8, s. Anhang A
	32 kreisförmige Aussparungen øvariiert,	A9, s. Anhang A
	20 langlochförmige Aussparungen	A10, s. Abb. 3.14 a
Dämpfung	dreischichtiges Verbundsystem	D1, s. Abb. 3.15 c
	fünfschichtiges Verbundsystem	D2, S. Anhang A
Massenbedeckung	18 Punktmassen	M, s. Abb. 3.15 b
Steifigkeit	variabler Querschnittsverlauf	Q1, s. Anhang A
	dickere Schneide	Q2, s. Abb. 3.16
	Stammblattdicke 0,7 mm	Q3, s. Anhang A
	Stammblattdicke 1,0 mm	Q4, s. Anhang A
Speichen	12 Speichen	Sp1, s. Abb. 3.14 c
	8 Speichen	Sp2, s. Anhang A
Schlitze	12 radiale Schlitze	Sch1, s. Abb. 3.14 b
	36 radiale Schlitze	Sch2, s. Anhang A

Tabelle 3.3: Varianten des Kreissägewerkzeuges

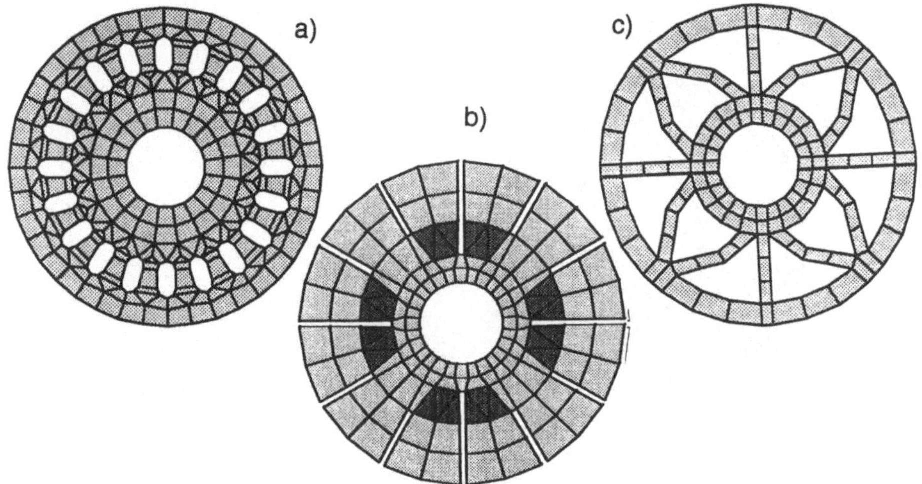

Abbildung 3.15: a) Kreissägeblatt mit Aussparungen , b) Schlitzen und c) Speichen

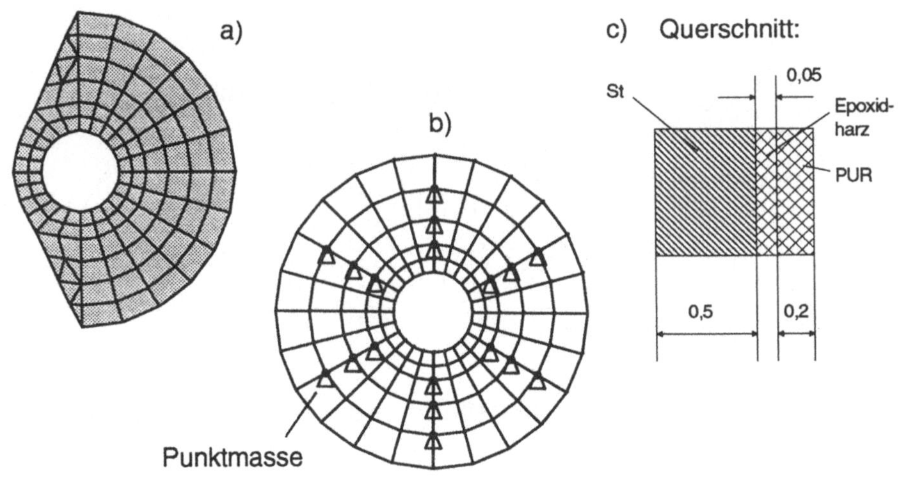

Abbildung 3.16: a) Segment-Kreissägeblatt, b) Sägeblatt mit erhöhter Massenbedeckung und c) bedämpftes Kreissägeblatt)

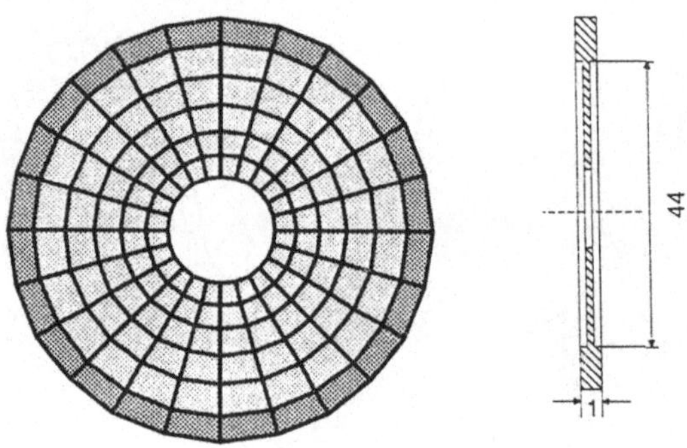

Abbildung 3.17: Kreissägeblatt mit variablem Querschnitt

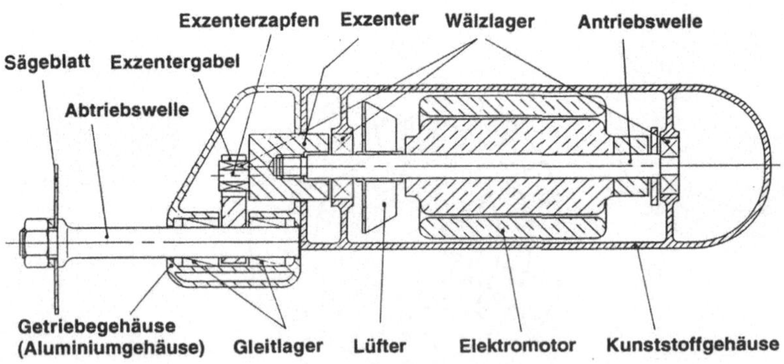

Abbildung 3.18: Prinzipskizze des Elektrowerkzeuges

FE-Source-Code (NASTRAN-Meta-Sprache) umzusetzen. Für kreisförmige Voll-Querschnitte gilt

$$A = \frac{d^2 \pi}{4}; \quad I_1 = I_2 = \frac{d^4 \pi}{64}; \quad I_p = 2I_1. \tag{3.34}$$

Die Massen von Anker und Exzenterzapfen werden durch konzentrierte Punktmassen mit Massenträgheitsmomenten berücksichtigt. Dabei schätzt man den Anteil an Kupfer zu 40 % (Ankerwicklung: Dichte $\rho = 8960$ kg/m^3), an Eisen zu 40 % (Bleche, Dichte $\rho = 7850$ kg/m^3) und an Kunststoffen zu 20 % (Isoliermaterial: Dichte $\rho = 1200$ kg/m^3). Daraus ergibt sich eine Ankermasse von 0,19 kg (Gesamtmasse der Antriebswelle 0,27 kg, gemessen) und Massenträgheitsmomente senkrecht zur Wellenachse von 3,8 $\cdot 10^{-5}$kgm^2 und um die Wellenachse von 2,52 $\cdot 10^{-5}$kgm^2. Für die Masse des Exzenterzapfens wurde aus seinen Abmessungen sowie der Dichte von Stahl ein Wert von 0,012 kg ermittelt. Die Gabel, in die der Exzenter eingreift, wird mit Plattenelementen der Dicke 5 mm und den Materialeigenschaften von Stahl modelliert.

Den Wellenlagerungen als den Übertragungselementen des Körperschalls auf das Gehäuse muß besondere Beachtung geschenkt werden. Kugellager werden im Rahmen von mechanischen Modellbildungen und FE-Berechnungen sinnvollerweise als Feder-Dämpfer-System (Kelvin-Voigt-Modell) idealisiert. LAUCKNER [48] ermittelte für vergleichbare Wälzlager (Außendurchmesser 28 mm, Innendurchmesser 10 mm) eine Dämpfungskonstante von $d = 29{,}4$ Ns/m und eine Federkonstante c von 1,2 $\cdot 10^6$ N/m. Die Gleitlagerung der Abtriebswelle, die in einem sehr steifen Aluminium-Gehäuse läuft, wird als starres Festlager modelliert, was nach [96] zulässig ist, falls die Gehäusesteifigkeit mindestens zehnmal größer ist als die Lagersteifigkeit. Abb. 3.18 zeigt das FE-Modell des gesamten Antriebsstranges, der aufgrund von Unwuchtkräften an den Lagersitzen das Gehäuse zu Schwingungen anregt und somit indirekten Schall abstrahlt.

Sowohl das Getriebegehäuse aus Aluminium als auch das Kunststoffgehäuse besteht aus dünnwandigen versteiften Schalen. Beide Komponenten werden durch Drei- und Vierecks-Plattenelemente mit Wandstärken zwischen 1 mm und 3 mm idealisiert (Abb. 3.19). Den nachgiebigkeits-normierten Eigenvektoren (Kenn-Nachgiebigkeitswurzeln [94]) aus der FE-Berechnung ist zu entnehmen, daß das Getriebegehäuse ca. 15-mal steifer als das Kunststoffgehäuse ist. Änderungen sind somit nur am Kunststoffgehäuse sinnvoll und erfolgversprechend. Beim Kunststoffgehäuse als dominantem, indirekt-schallabstrahlendem Teil soll durch

- eine Versteifungen des Gehäuses an den schwingungsintensiven Zonen,
- eine erhöhte Massenbedeckung des Gehäuses in den schwingfreudigen Gebieten sowie

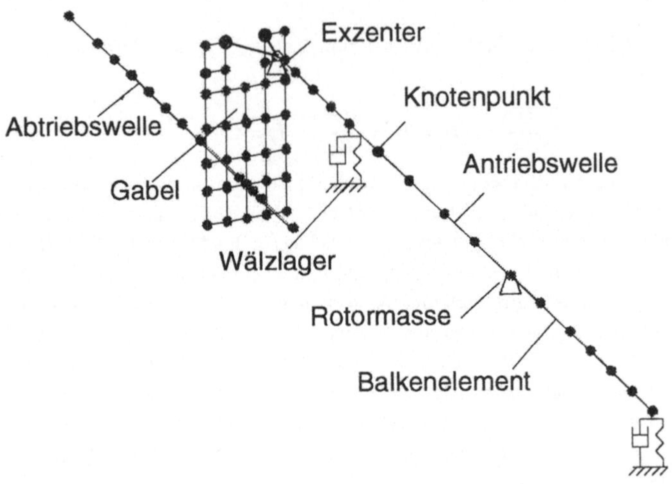

Abbildung 3.18: Modell des Antriebsstranges als Gehäuseanreger

- eine Erhöhung der Wandstärke um 1mm

eine Geräuschminderung erreicht werden (Abb. 3.20).

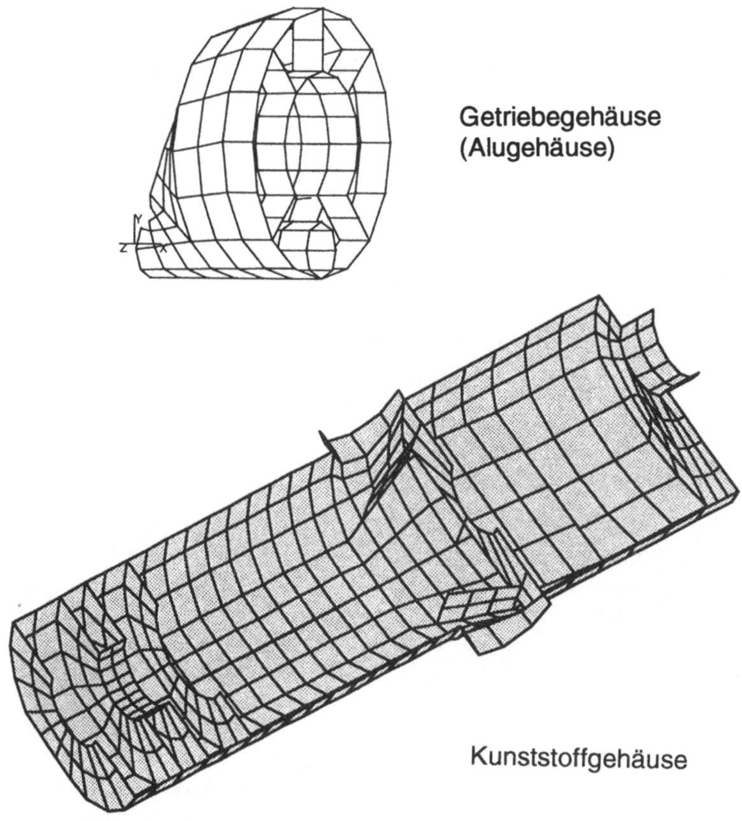

Abbildung 3.19: Modell des Getriebe- und Kunststoffgehäuses

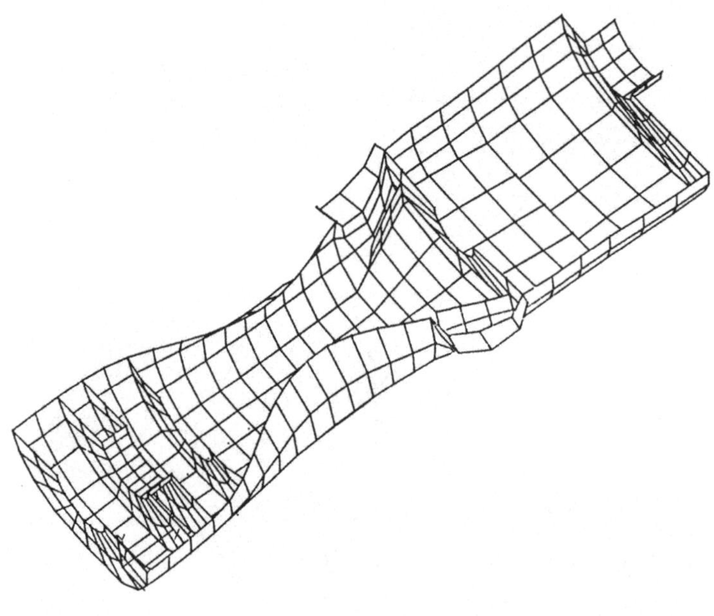

Abbildung 3.20: Geräuschintensive Schwingungsform der Kunststoff-Gehäuseschalen des Elektrowerkzeuges. Die Wirkung von Versteifungen und Massenbedeckung in den Schwachzonen wird rechnergestützt im Abschn. 6 ermittelt.

4 Theorie und Numerik zur Geräuschsimulation

4.1 Schallabstrahlung und Schallausbreitung

Um die schalltechnische Güte der Neuentwicklungen beurteilen zu können, müssen objektive Geräuschemissionsmodelle und Berechnungsalgorithmen zur Quantifizierung der Geräuschminderung gesucht, ihre Anwendbarkeit auf die vorliegenden Werkzeugstrukturen geprüft und programmtechnisch umgesetzt werden. Bei der Schallentstehung, Schallabstrahlung und Schallausbreitung handelt es sich um physikalisch komplexe Phänomene, deren Zusammenhänge im folgenden aufbereitet werden. Die akustischen und wellentheoretischen Grundlagen sollen nur soweit behandelt werden, wie es für das Verständnis der hier abgeleiteten numerischen Verfahren zur Berechnung der Geräuschemission erforderlich ist.

Ein Schallfeld ist ausreichend beschrieben, wenn für jede Stelle zu jedem Zeitpunkt der Wechseldruck p und die Schnelle $\vec{v}$ für die drei Raumrichtungen bekannt sind. Dabei ist p eine skalare Größe, während im Gegensatz dazu die Schnelle als kinematische Größe Vektorcharakter hat. Ein Schallfeld in einem homogenen ruhenden Medium wird durch die Wellengleichung [52] beschrieben:

für den Schalldruck $p = p(x, y, z, t)$ gilt

$$\frac{\partial^2 p}{\partial x^2} + \frac{\partial^2 p}{\partial y^2} + \frac{\partial^2 p}{\partial z^2} = \frac{1}{c^2}\frac{\partial^2 p}{\partial t^2}, \tag{4.1}$$

für die Schallschnelle $v = v(x, y, z, t)$ gilt

$$\frac{\partial^2 v}{\partial x^2} + \frac{\partial^2 v}{\partial y^2} + \frac{\partial^2 v}{\partial z^2} = \frac{1}{c^2}\frac{\partial^2 v}{\partial t^2}, \tag{4.2}$$

und für das übergeordnete Geschwindigkeitspotential $\Phi = \Phi(x, y, z, t)$ gilt

$$\frac{\partial^2 \Phi}{\partial x^2} + \frac{\partial^2 \Phi}{\partial y^2} + \frac{\partial^2 \Phi}{\partial z^2} = \frac{1}{c^2}\frac{\partial^2 \Phi}{\partial t^2}. \tag{4.3}$$

Den Zusammenhang zwischen p, v und Φ zeigt Gl. (4.4):

$$v = -\mathrm{grad}\Phi, \qquad p = -\rho\frac{\partial\Phi}{\partial t}. \tag{4.4}$$

Dies bedeutet, daß die Schnelle die Ableitung des Geschwindigkeitspotentials nach dem Weg ist. Der Druck ist direkt proportional der Ableitung des Geschwindigkeitspotentials nach der Zeit.

Diese Gleichungen stellen die wellenförmige Ausbreitung des Drucks und der Schnelle nach einer Störung des Schallfeldes dar. Bei einer Betrachtung an einem festen Ort x erhält man die dort stattfindende Schwingung der entsprechenden Feldgröße in Abhängigkeit von der Zeit t. Für einen festen Zeitpunkt t erhält man das Momentanbild der Ausbreitungswelle als eine geometrische Sinuskurve über dem Ort (vgl. Abb. 5.16 in der computergestützten Simulation).

Für Abstrahlprobleme ist es günstig, die Wellengleichung mit Hilfe des Green'schen Satzes in eine Integralgleichung umzuformen (Helmholtz-Integralgleichung), was den Vorteil hat, daß der Einfluß von Anfangs- und Randbedingungen besser zum Ausdruck kommt:

$$p(x,y,z,t) = \frac{1}{2\pi}\iint_S \rho\frac{\partial}{\partial t}\frac{v_S(t-\frac{r}{c})}{r}\,dS + \frac{1}{2\pi}\iint_S \frac{\partial}{\partial n}\frac{p_S(t-\frac{r}{c})}{r}\,dS. \tag{4.5}$$

Die Randbedingungen sind mit der räumlichen Verteilung der Schwinggeschwindigkeit senkrecht zu der Bauteiloberfläche, welche man nach der FE-Methode berechnen kann, gegeben. Gleichung (4.5) läßt sich im Falle periodischer Schwingungen durch eine Fouriertransformation in komplexer Schreibweise noch beträchtlich vereinfachen:

$$\underline{p}(x,y,z,\omega) = \frac{1}{2\pi}\iint_S j\omega\rho v_S(\omega)\frac{e^{-j\omega\frac{r}{c}}}{r}\,dS + \frac{1}{2\pi}\iint_S p_S\frac{\partial}{\partial n}\frac{e^{-j\omega\frac{r}{c}}}{r}\,dS. \tag{4.6}$$

Für den Spezialfall ebener Strahler geht die Helmholtz-Integral-Gleichung über in eine von Rayleigh hergeleitete Beziehung [52, 92]:

$$\underline{p}(x,y,z,\omega) = \frac{1}{2\pi}\iint_S j\omega\rho_0 v_S(\omega)\frac{e^{-j\omega\frac{r}{c}}}{r}\,dS. \tag{4.7}$$

Zwischen Schalldruck und -schnelle besteht bei sinusförmigem Verlauf folgender Zusammenhang:

$$\underline{\vec{v}} = -\frac{1}{\rho}\int \mathrm{grad}\,p\,dt = -\frac{1}{j\omega\rho}\mathrm{grad}\,p. \tag{4.8}$$

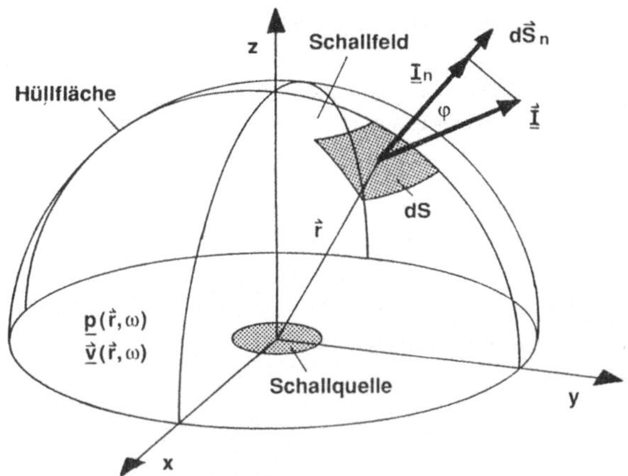

Abbildung 4.1: Zur Bestimmung der Schalleistung P durch Integration der Schallintensität

Damit sind alle Formeln aufbereitet mit denen sich ein Schallfeld vollständig beschreiben läßt. Aus den beiden Grundgrößen $\underline{p}$ und $\underline{\vec{v}}$ lassen sich weitere nützliche Größen ableiten.

Die Schallintensität $\vec{I}$ ergibt als Produkt von Druck und Schnelle eine flächenbezogene Schallenergie, die pro Zeiteinheit durch eine Flächeneinheit $\vec{S}$ strömt

$$\underline{\vec{I}} = \underline{p}\ \underline{\vec{v}}. \tag{4.9}$$

Jedem Punkt des Schallfeldes kann eine Intensität, die vektoriellen und energetischen Charakter hat, zugeordnet werden. Die von einer Struktur abgestrahlte Schalleistung P ergibt sich aus dem Hüllflächenintegral der Intensität (Abb. 4.1) über eine geschlossene, die Schallquelle umschließende Fläche S:

$$\underline{P} = \oint_S \underline{p}\ \underline{\vec{v}}\ d\vec{S} = \oint_S \underline{\vec{I}} \cos\varphi\ d\vec{S}. \tag{4.10}$$

Um den Widerstand eines Mediums gegen den Aufbau eines Schallfeldes aus einer Druckerregung zu kennzeichnen, wurde der Begriff der akustischen Impedanz eingeführt:

$$\underline{Z} = \frac{\underline{p}}{\underline{\vec{v}}}. \tag{4.11}$$

Allgemein ist die mechanische Impedanz das Verhältnis einer Ursache (Kraft, Druck, Moment) zu einer Geschwindigkeit, die sich an einem System einstellt. Da

Druck und Schnelle eine frequenzabhängige Phasenverschiebung aufweisen können, wird $\underline{Z}$ als komplexe Größe dargestellt. In einem ebenen Wellenfeld ist die Impedanz rein reell, d.h. Druck und Schnelle sind in Phase und eine komplexe Darstellung erübrigt sich. Die Impedanz wird dann auch als Schallkennwiderstand Z_0 bezeichnet und stellt eine Konstante dar ($Z_{0Luft} = 408 \frac{kg}{m^2 s}$).

Bei allen bisher aufgeführten Schallfeldgrößen handelt es sich um komplexe Momentanwerte an einem Punkt im Wellenfeld. Um effektive Pegelwerte und somit vergleichbare Größen zum Experiment zu erhalten, müssen die Schallfeldgrößen p und v mathematisch umgeformt werden. Bei sinusförmigen Größen unterscheidet man zwischen Momentan- und Effektivwerten:

$$\text{Momentanwerte:} \quad p(t) = \Re\{\underline{p}\, e^{j(\omega t+\varphi)}\}; \quad \vec{v}(t) = \Re\{\underline{\vec{v}}\, e^{j(\omega t+\psi)}\}; \tag{4.12}$$

$$\text{Effektivwerte:} \quad \tilde{p} = \sqrt{\frac{1}{T}\int_0^T p(t)^2\, dt}; \quad \tilde{v} = \sqrt{\frac{1}{T}\int_0^T v(t)^2\, dt} \tag{4.13}$$

bzw. in komplexer Schreibweise

$$\tilde{p}^2 = \frac{1}{2}\Re\{\underline{p}\ \underline{p}^*\}. \tag{4.14}$$

Der Effektivwert der Intensität als Produkt aus Druck und Schnelle berechnet sich zu

$$\begin{aligned} \tilde{I} &= \frac{1}{T}\int_T \underline{p}\,\underline{v}\, dt \\ &= \frac{1}{T}\int_T \Re\{\underline{p}\}\Re\{\underline{v}\}\, dt \\ &= \frac{1}{2}\Re\{\underline{p}\underline{v}^*\} \\ &= \tilde{p}\tilde{v}\cos(\varphi - \psi). \end{aligned} \tag{4.15}$$

Die Intensität kann also trotz hoher Werte von Schalldruck und Schnelle sehr klein oder sogar zu Null werden, wenn die Phasenverschiebung $(\varphi - \psi)$ zwischen Druck und Schnelle gegen 90^0 geht. Dieser Fall kann in unmittelbarer Nähe einer Schallquelle oder bei ungünstigem Verhältnis von Bauteilgröße zur abgestrahlten Wellenlänge auftreten. Physikalisch ist der Phasenunterschied als bloßes Hin- und Herbewegen der Luft im Nahfeld zu deuten, ohne daß eine Kompression erfolgt. Der Abstrahlgrad σ ist dann gleich Null.

Da sich die Zahlenwerte der Schallfeldgrößen über mehrere Zehnerpotenzen erstrecken und eine lineare Skalierung derselben nicht mit der Lautstärkeempfindung des menschlichen Gehörs übereinstimmt (Weber-Fechner'sches Gesetz [71]), hat man in der Akustik logarithmierte dimensionslose Pegelwerte eingeführt. Allgemein ist der Pegel L, angegeben in dB, als der 10-fache Logarithmus zweier Leistungswerte (Intensität, Leistung) oder als 20-facher Logarithmus des Quotienten zweier Feldgrößen (Druck, Schnelle) definiert. Der Nenner des logarithmischen Quotienten ist eine an die Hörschwelle des Menschen angelehnte Bezugsgröße (Sinuston von 1 kHz). Die Bezugsgrößen und die daraus resultierenden Pegel beschreibt nachfolgende Tabelle:

Größe	Bezugsgröße	Pegel
Druck $\tilde{p}$	$p_0 = 2 \cdot 10^{-5} \frac{\mathrm{N}}{\mathrm{m}^2}$	$L_p = 10 \log \frac{\tilde{p}^2}{p_0^2} = 20 \log \frac{\tilde{p}}{p_0}$
Schnelle $\tilde{v}$	$v_0 = 5 \cdot 10^{-8} \frac{\mathrm{m}}{\mathrm{s}}$	$L_v = 10 \log \frac{\tilde{v}^2}{v_0^2} = 20 \log \frac{\tilde{v}}{v_0}$
Intensität $\tilde{I}$	$I_0 = 1 \cdot 10^{-12} \frac{\mathrm{W}}{\mathrm{m}^2}$	$L_I = 10 \log \frac{\tilde{I}}{I_0}$
Leistung $\tilde{P}$	$P_0 = 1 \cdot 10^{-12}\,\mathrm{W}$	$L_W = 10 \log \frac{\tilde{P}}{P_0}$

4.2 Numerische Verfahren zur Luftschall-Quantifizierung

Aus den Grundgleichungen des Schallfeldes wurden in den letzten Jahren auf unterschiedlichen Grundlagen beruhende numerische Verfahren zur Ermittlung der Geräuschemission entwickelt. Im einzelnen basieren diese Modelle auf

- Elementarstrahlern auf der Grundlage der Helmholtz-Integralgleichung (PSM) oder dem Rayleigh-Verfahren,
- Statistisch, empirischen Methoden (SEM),
- der Akustischen Finite Elemente Methode (AFEM),
- der Variationsrechnung (Helmholtz-Integralgleichung als Variationsproblem formuliert (VAR)),
- Statistischen Energieanalysen (SEA) mittels sog. Energiespeichereinheiten und
- Randelementmethoden (REM), die auf das Helmholtzintegral zurückgreifen.

Neben diesen Verfahren stellt Hübner [37] zwei weitere Verfahren vor:

- Das Separationsverfahren und
- die Direkte Finite Element Methode (DFEM).

Aus den insgesamt acht denkbaren Rechenmodellen wurden unter dem Gesichtspunkt der Anwendbarkeit auf die vorliegende Problematik drei Modelle nach folgenden Kriterien ausgewählt und in entsprechende Software umgesetzt:

- Bandbreite des gültigen Frequenzbereiches;
- Benötigte Rechenleistung (CYBER-Anlage 180-995 mit 18 MFlops (Million Floating Point Operations per Second) verfügbar bzw. CRAY YMP 4/434 mit ca. 1 Giga-Flops);
- Aufwand für Modellierung der Untersuchungsstrukturen und des umgebenden Fluids;
- Zeitaufwand zur Erstellung entsprechender Software, Schnittstellenrealisierung zu anderen Programmen wie NASTRAN;
- Zuverlässigkeit und Berechenbarkeit bei komplexen Formen von Schallquellen für eine Schallabstrahlung ins „Freie“ (halbunendlicher Raum);
- Genauigkeit des Verfahrens.

Für plattenförmige Strukturen kristallisierte sich die PSM aufgrund der geringsten Entwicklungszeit für die Software, der Eignung zur Koppelung des Programms mit den NASTRAN-Ergebnissen, der relativ geringen benötigten Rechenzeit und der Eignung für Abstrahlberechnungen in den halbunendlichen Raum bei beliebig komplexen ebenen Werkzeugstrukturen als geeignet heraus. Da sehr viele Programmodule der PSM auch für die DFEM verwendet werden können, wurde auch dieses Verfahren programmiert.

Die PSM und die DFEM müssen nachfolgend EDV-gerecht aufbereitet werden. Der Vollständigkeit halber und um einen Vergleich zur PSM und DFEM ziehen zu können, wird die Modellbildung nach der AFEM an einem Beispiel diskutiert.

4.2.1 Rayleigh-Verfahren (PSM)

Dieses Verfahren basiert auf einer Substitution der schwingenden Bauteiloberfläche durch Elementarstrahler. Jedem Flächenelement (Abb. 4.2) wird ein Elementarstrahler zugeordnet, der für sich betrachtet ein kugelsymmetrisches Schallfeld aufbaut und anteilmäßig zur Gesamtabstrahlung beiträgt. Als für die Schallabstrah-

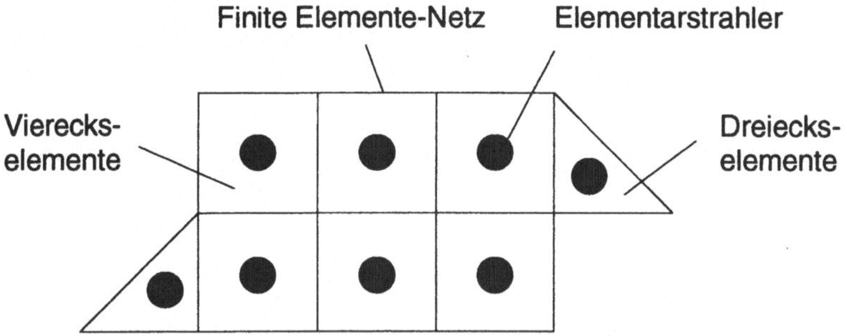

Abbildung 4.2: Besetzen der Bauteiloberfläche mit Elementarstrahlern

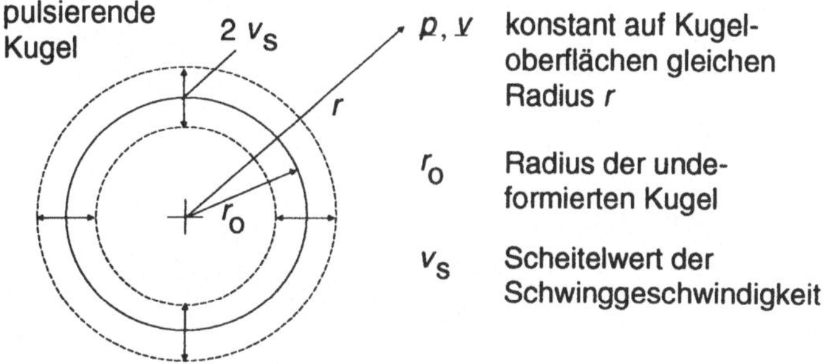

Abbildung 4.3: Kugelstrahler 0. Ordnung

lung wichtige Modelle sind die elementaren Kugelstrahler n-ter Ordnung zu nennen [34]. Ist die Geschwindigkeitsverteilung auf der Kugeloberfläche konstant, spricht man vom Kugelstrahler nullter Ordnung. Seine Oberfläche pulsiert mit der Körperschallschnelle konphas nach außen und innen und weist keine Richtcharakteristik auf (Abb. 4.3). Mit dem Radius r_0 eines Kugelstrahlers und der sog. Wellenzahl k

$$k = \frac{\omega}{c} = \frac{2\pi}{\lambda} \tag{4.16}$$

induziert jeder einzelne Strahler folgende Druck- und Schnellverteilungen im Kugelwellenfeld:

$$\underline{p}(r,t) = j\hat{v}_S \frac{r_0}{r} \frac{kr_0}{1+jkr_0}(\rho c) \cdot e^{j(\omega t - k(r-r_0))} \tag{4.17}$$

$$= \hat{v}_S \frac{r_0}{r} \frac{kr_0}{1+(kr_0)^2}(\rho c)(kr_0 + j) \cdot e^{j(\omega t - k(r-r_0))}; \tag{4.18}$$

$$\underline{v}(r,t) = \hat{v}_S \frac{r_0}{r} \frac{1}{1+jkr_0}(\frac{r_0}{r} + jkr) \cdot e^{j(\omega t - k(r-r_0))} \tag{4.19}$$

$$= \hat{v}_S (\frac{r_0}{r})^2 \frac{(1 + k^2 r_0 r) + j(k(r - r_0))}{1 + (kr_0)^2} \cdot e^{j(\omega t - k(r - r_0))}. \quad (4.20)$$

Die abgestrahlte Schalleistung P_S ergibt sich nach Gl. (4.13, 4.16) in Verbindung mit Gl. (4.10) bei harmonischen Druck- und Schnellefunktionen zu

$$P_S = S \cdot \frac{1}{2} Re\{\underline{p} * \underline{v}^*\}, \quad (4.21)$$

mit der konjugiert komplexen Schnelle $\underline{v}^*$.

Wählt man geschickterweise die Bauteiloberfläche als Hüllflächenintegrationsfläche so folgt:

$$P_S = S \cdot \frac{1}{2} \Re\{\hat{v}_S^2 \cdot (\frac{r_0}{r})^3 \cdot \rho c \cdot \frac{kr_0}{1 + (kr_0)^2} \cdot (kr + j)\} \quad (4.22)$$

$$= S \cdot \tilde{v}_S^2 \cdot (\frac{r_0}{r})^2 \cdot \rho c \cdot \frac{(kr_0)^2}{1 + (kr_0)^2}, \quad (4.23)$$

mit dem Abstrahlgrad σ und der Oberfläche S:

$$\sigma = \frac{(kr_0)^2}{1 + (kr_0)^2}, \; S = 4\pi {r_0}^2. \quad (4.24)$$

Diese Darstellung entspricht der maschinenakustischen Grundgleichung (Gl. (3.1)). Die Berechnung einer in einen Halbraum abgestrahlten Schalleistung ergibt den halben Wert für P_S, während die Werte für den Druck und die Schnelle gleich bleiben.

Den Verlauf des Abstrahlgrades eines Kugelstrahlers nullter Ordnung in Abhängigkeit von der Frequenz und der Strahlergröße (Radius r_0) zeigt Abb. 4.4.

Zwei Sonderfälle seien zur Veranschaulichung betrachtet:

- Der Kugelstrahler sendet im Vergleich zu seinem Umfang größere Wellenlängen aus: $kr_0 << 1$ bzw. $2\pi r_0 << \lambda$
  - der Abstrahlgrad σ geht gegen 0;
- Der Kugelstrahler sendet im Vergleich zu seinem Umfang kleinere Wellenlängen aus: $kr_0 >> 1$ bzw. $2\pi r_0 >> \lambda$
  - Der Abstrahlgrad σ geht gegen 1 (volle Abstrahlung);
  - Das Fernfeld, das näherungsweise ein ebenes Wellenfeld darstellt, rückt näher an die Kugeloberfläche heran.

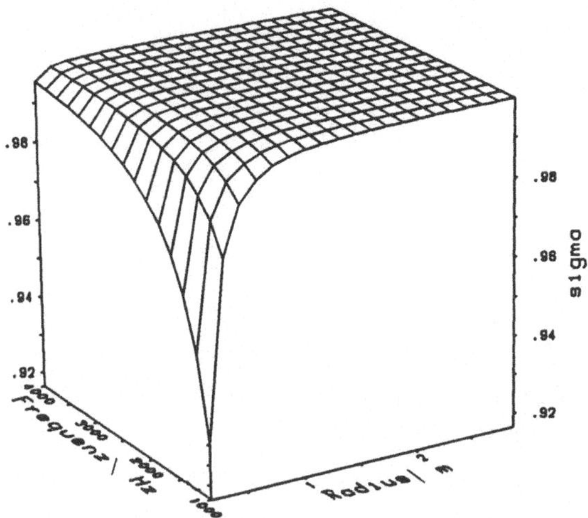

Abbildung 4.4: Berechneter Verlauf des Abstrahlgrades eines Kugelstrahlers nullter Ordnung

Wenn die Abmessungen einer beliebig geformten Schallquelle klein gegenüber der abgestrahlten Wellenlänge bleiben, also die Bedingung $kr_0 \ll 1$ gilt, geht Gl. (4.14) bei Abstrahlung in einen Halbraum über in die Druckgleichung des sog. Punktstrahlers:

$$\underline{p} = j\omega\rho\frac{q}{2\pi r}e^{jkr}, \tag{4.25}$$

mit dem Schallfluß q

$$q = \int_S v_n \, dS = \lim_{r\to 0} 4\pi r^2 v_n, \tag{4.26}$$

wobei v_n die Normalkomponente der Schwinggeschwindigkeit in m/s darstellt, der Schallfluß die Einheit rmm^3/s trägt.

Für die Gültigkeit der Substitution eines kleinen beliebig geformten Quellgebietes durch eine konzentrierte Einzelschallquelle mit dem Schallfluß q gilt nach SKURDRYZK [92], daß die größte Lineardimension des Quellgebietes kleiner als 1/3 der abgestrahlten Luftschall-Wellenlänge sein muß, was bei den vorliegenden Strukturen mit ca. 100 bis 300 Elementen und einer Gesamtoberfläche von ca. 0,002 m^2 jederzeit sichergestellt ist.

Jedem finiten Element einer Bauteilstruktur (vgl. Abb. 4.2) wird ein Punktstrahler mit dem Schallfluß q zugeordnet, die Normalkomponente der Schwinggeschwindigkeit v_{ni} der Bauteiloberfläche und die zugehörige Elementfläche liefert die FEM-

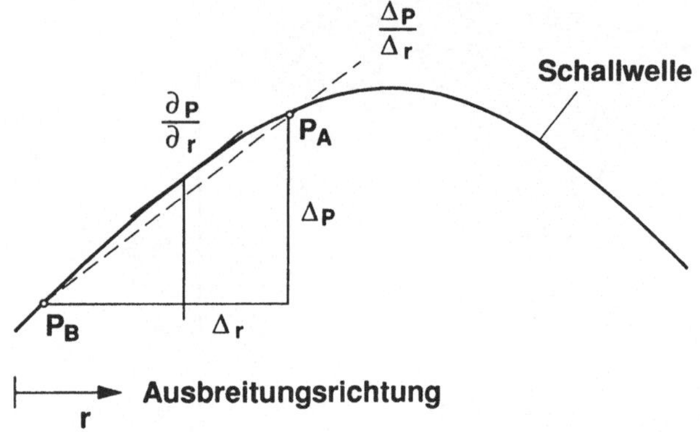

Abbildung 4.5: Näherung der Schallschnelle

Berechnung. Der von allen n Punktstrahlern in einem Aufpunkt P induzierte Schalldruck p_{ges} ergibt sich mit Gl. (4.7) approximiert zu:

$$\underline{p}_{ges} = \sum_{i=1}^{n} \underline{p}_i \approx \frac{1}{2\pi} \sum_{i=1}^{n} j\omega\rho_0 v_{ni}(\omega) \frac{e^{-j\omega\frac{r}{c}}}{r} \Delta S. \tag{4.27}$$

Aus Gl. (4.26) folgt bei der Überlagerung der komplexen Einzeldrücke $\underline{p}_i$ zum Gesamtschalldruck $\underline{p}_{ges}$ unter Berücksichtigung der aus der Laufzeitdifferenz resultierenden Phasenverschiebung der Effektivwert des Gesamtschalldruckes $\tilde{p}_{ges}$:

$$\tilde{p}_{ges} = \frac{\omega\rho}{2\pi} \sqrt{\left(\sum_{i=1}^{n} \frac{\tilde{q}_i}{r_i} \sin(kr_i) \right)^2 + \left(\sum_{i=1}^{n} \frac{\tilde{q}_i}{r_i} \cos(kr_i) \right)^2}. \tag{4.28}$$

Bei reellen Schwingungsformen von Platten ist nur eine Phasenverschiebung von 0^0 bzw. 180^0 möglich, was durch ein positives bzw. negatives Vorzeichen von $\tilde{q}$ zum Ausdruck kommt.

Um die abgestrahlten Intensitäten und Leistungen zu ermitteln, die einen umfassenden Vergleich von Rechnung und Messung erlauben, muß die Schallschnelle berechnet werden. Für den Punktstrahler läßt sich die Schnelle in Differenzenform nach Gl. (4.8) wie folgt darstellen (Abb. 4.5):

$$v \approx -\frac{1}{\omega\rho} \frac{\Delta p}{\Delta r} \tag{4.29}$$

Für die von mehreren Punktstrahlern an einem Aufpunkt P induzierte effektive Intensität $\tilde{I}_{ges}$ und für die Schalleistung $\underline{P}_{ges}$, die normal durch eine endlich große Fläche ΔS austritt (Abb. 4.1) ergibt sich zu:

$$\tilde{I}_{ges} = \sum_{i=1}^{n} \tilde{I}_i = \frac{1}{2} \Re \left\{ \sum_{i=1}^{n} \underline{p}_i \cdot \sum_{i=1}^{n} \underline{v}_i^* \right\} = \frac{1}{2} \Re \left\{ (\underline{p}_1 + \cdots + \underline{p}_n)(\underline{v}_1^* + \cdots + \underline{v}_n^*) \right\}. \tag{4.30}$$

$$\underline{P}_{ges} = \sum_{i=1}^{n} \vec{\underline{I}}_i \cos\varphi_i \Delta S_i. \tag{4.31}$$

Der Imaginärteil $\Im\{\underline{P}\}$ der komplexen Leistung $\underline{P}$ stellt eine Scheinleistung dar, der Realteil $\Re\{\underline{P}\}$ die tatsächlich „hörbare" Komponente.

In Abschn. 5 wird die programmtechnische Umsetzung des Ralyleigh-Verfahrens und die Schnittstellenentwicklung zu NASTRAN, welche die Bauteildaten, Schwinggeschwindigkeiten etc. bereitstellt, diskutiert. Außerdem werden Testroutinen zur Rechengenauigkeit durchgeführt.

4.2.2 Die Direkte-Finite-Elemente-Methode

Mit der DFEM wurde von HÜBNER [37, 38] ein Verfahren zur Schalleistungsbestimmung entwickelt, das neben den bekannten klassischen Methoden praxisnahe Fälle bei hinreichender Genauigkeit zu behandeln gestattet und für die elektronische Datenverarbeitung optimiert ist.

Mit Hilfe der DFEM kann die Schalleistung von Flächen- oder Linienstrahlern, die eine beliebige Umrandung und eine beliebige zeitliche und räumliche Schnelleverteilung aufweisen können, ermittelt werden. Die Methode wird als direkt bezeichnet, da die finiten Teilleistungen und Wechselwirkungsterme aus der flächennormalen Schnelle v_0 und der Oberfläche S des Strahlers direkt bestimmt werden. Die Berechnung der Schallfeldgrößen und die nachfolgende Hüllflächenintegration wird umgangen. Da das Verfahren allein auf quadratische Größen aufbaut, können auch stochastisch schwingende Strahler mit vertretbarem Aufwand behandelt werden.

Zur Durchführung dieses Verfahrens wird die Strahleroberfläche netzartig in n Teiloberflächen (Abb. 4.6) der Größe ΔS_i, $i = 1 \ldots n$ zerlegt, denen Schallquelleneigenschaften mit Monopolcharakter und der Schalleistung

$$P_i = \rho_0 \, c \frac{k^2}{2\pi} \frac{v_{0i}^2}{2} \Delta S_i^2 \tag{4.32}$$

und Dipolcharakter mit der Schalleistung

$$P_{lm} = \frac{v_{0l} \, v_{0m}}{2} \Delta S_l \, \Delta S_m \frac{\sin(k \, d_{lm})}{k \, d_{lm}} \cos\varphi_{lm} \tag{4.33}$$

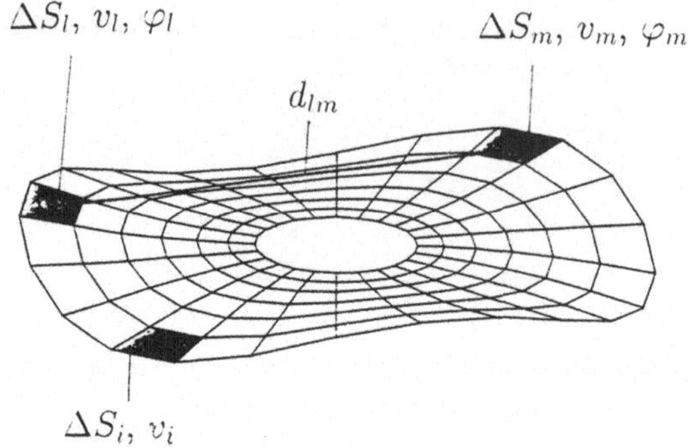

Abbildung 4.6: Diskretisierung für ebene Strahler nach der DFEM

zugeordnet werden,

mit

P_i	Schalleistung des i-ten Elementes bei Abwesenheit aller übrigen Strahler in W,
P_{lm}	Wechselwirkungsleistung zwischen dem l-ten und m-ten Element in W,
ΔS_n	Fläche des n-ten Strahlers in m^2,
v_{0n}	Scheitelwert des n-ten Strahlers in m/s,
d_{lm}	Abstand der Flächenelemente l und m in m,
k	Wellenzahl in rad/m,
φ_{lm}	Phasenunterschied des l-ten und m-ten Strahlers in Grad.

Die von allen Teilgebieten ΔS_i abgestrahlte Schalleistung bestimmt sich aus der Summe aller Einzelschalleistungen und Wechselwirkungsleistungen:

$$P_S = \sum_{i=1}^{N} P_i + \sum_{l=1}^{N} \sum_{m=1}^{N} P_{lm} \quad \text{mit } P_{lm} = 0 \text{ für } l = m \tag{4.34}$$

$$= \rho_0 c \frac{k^2}{2\pi} \{ \sum_{i=1}^{N} \frac{v_{0i}^2}{2} \Delta S_i^2 + + \sum_{l=1}^{N} \sum_{m=1}^{N} \frac{v_{0l}\, v_{0m}}{2} \Delta S_l\, \Delta S_m \frac{\sin(k\, d_{lm})}{k\, d_{lm}} \cos \varphi_{lm}. \} \tag{4.35}$$

Die Gültigkeit dieser Berechnung ist nach HÜBNER bis zu einer oberen Grenzfrequenz f_{gr} gegeben, bei der die abgestrahlte Luftwellenlänge λ immer größer als der

Abstand zweier benachbarter Strahler ist. Somit gilt bei quadratischen Strahlern der Oberfläche ΔS:

$$\begin{aligned} \sqrt{2\,\Delta S} &\leq \lambda_{min} \quad \text{oder} \\ f_{gr} &\leq \frac{c}{\sqrt{2\,\Delta S}}. \end{aligned} \tag{4.36}$$

Die Beschreibung der programmtechnischen Umsetzung der Direkten Finite Elemente Methode erfolgt gemeinsam mit dem Rayleigh-Verfahren in Abschn. 5, da viele Programmodule für beide Verfahren gleich sind.

4.2.3 Akustische-Finite-Elemente-Methode

In den letzten Jahren wurden vor allem von der Automobilindustrie Methoden entwickelt, um akustische Eigenschwingungsformen und Schalldruckpegel im Fahrgastraum infolge von Anregungen an der Fahrzeugstruktur nach der AFEM zu berechnen [8, 46, 63, 86]. Bei Fahrzeuginnenräumen handelt es sich um geschlossene Systeme, sog. cavitation rooms, mit Absorptions- und Reflexionsvermögen. Die Eignung, Abstrahlprobleme in einen quasi-halbunendlichen Raum mit der AFEM zu behandeln, soll an dieser Stelle untersucht werden. Dabei nutzt man die Analogie zwischen den akustischen und strukturmechanischen Gleichungen aus. Dies hat den Vorteil, auf kommerzielle Finite-Element-Programme wie NASTRAN zurückgreifen zu können. Beschränkt man sich der Einfachheit halber auf die Koordinatenrichtung x, so können folgende analoge Beziehungen zwischen einer festen Struktur S und dem Fluid Luft L aufgestellt werden:

Verschiebung	u_x	$\Longleftrightarrow$	p	Druck
Spannung	σ_x	$\Longleftrightarrow$	v_x	Schnelle
Strukturdichte	ρ_s	$\Longleftrightarrow$	$1/\kappa$	Kompressibilität
Elastizitätsmodul	E_s	$\Longleftrightarrow$	$1/\rho_L$	Dichte
Schubmodul	G_s	$\Longleftrightarrow$	$1/\rho_L$	Dichte

Für die Randbedingungen lassen sich ebenso Analogien aufstellen:

Akustik-Randbedingungen		Struktur-Randbedingungen	
freie Oberfläche	$p = 0$	feste Einspannung	$u_x = 0$
starre Wand	$\frac{\partial p}{\partial n} = 0$	keine äußeren Kräfte	$F_x = 0$
freie Oberfläche bewegt	$\frac{\partial p}{\partial n} = -\rho_L \ddot{u}_n$	äußere Kraft	$F_x \neq 0$

mit der Oberflächennormale n.

Die akustische Gleichung zur Berechnung des Schalldruckes wird somit in einer Form dargestellt, die dem Aussehen nach der Bewegungsgleichung eines Festkörpers entspricht:

$$\left(-\omega^2 \begin{bmatrix} M_S & 0 \\ 0 & -\frac{1}{\rho} M_L \end{bmatrix} + -j\omega \begin{bmatrix} D_S & A \\ A & -\frac{1}{\rho} D_L \end{bmatrix} + \right.$$

$$\left. + \begin{bmatrix} C_S & 0 \\ 0 & -C_L \end{bmatrix} \right) \cdot \left\{ \begin{matrix} u \\ \Phi \end{matrix} \right\} = \left\{ \begin{matrix} F \\ 0 \end{matrix} \right\} \tag{4.37}$$

mit der Massenmatrix M, der Dämpfungsmatrix D, der Federmatrix C, Kontaktflächenmatrix A zwischen Luft und Struktur, dem Geschwindigkeitspotential Φ und der Erregerkraft F.

Für das Fluid werden Pseudo-Massen- bzw. Pseudosteifigkeitsmatrizen aus der kinetischen bzw. potentiellen Energie der Elemente abgeleitet [51]. Die physikalische Bedeutung der Matrizen ist natürlich eine andere als die der Strukturmatrizen. An Stelle der Verschiebungen werden Drücke und an Stelle der Spannungen die Schallschnelle berechnet. Das hydroelastische Modell (Abb. 4.7) berücksichtigt neben dem Kreissägeblatt, welches geschwindigkeitserregt wird, auch den angrenzenden Luftraum, in dem durch die Schwingungen des Sägeblattes Druckwellen induziert werden. Der Luftraum wird durch einen kompressiblen, zylindrischen Fluidkörper mit einer Länge von 5 m und einem Durchmesser von 3 m simuliert (420 Knotenpunkte, Abb. 4.7). In Relation zu den Abmessungen des Kreissägeblattes mit einem Außenradius von 0,0255 m kann von einem quasi-halbunendlichem Raum ausgegangen werden.

In Punkten der Fluidkreise (pressure points) erfolgt die Berechnung des Druckes, der in einem axialsymmetrischen Fluid durch eine Fourier-Reihe dargestellt wird:

$$p(r,z,\phi) = p^0 + \sum_{n=1}^{N} p^n \cos n\phi + \sum_{n=1}^{N} p^{n*} \sin n\phi, \tag{4.38}$$

wobei der Grad der Fourier-Koeffizienten p^n und p^{n*} die Freiheitsgrade des Fluidelements festlegt.

In der Kontaktzone werden dem Fluid die Verschiebungen des Sägeblattes aufgeprägt. Eine Kopplung von Struktur und Fluid wird in einer Boundary-Liste durch Angabe der Fluidkreise, die an die Struktur angrenzen, definiert. Die restliche Oberfläche des Fluids wird als frei definiert. Auf dieser Fläche wird der Druck gleich 0 gesetzt und die Druckenergie des komprimierten Fluids in Bewegungsenergie umgesetzt. Wird die Bewegung der Fluidoberfläche nicht zugelassen, interpretiert der FEM-Algorithmus diese Zwangsbedingung als schallharte Wand und es kann zu verfälschenden Reflexionen kommen. Das Kreissägeblatt wurde analog den vorausgehenden Berechnungen am Innenrand fußpunkterregt.

Eine Studie bezüglich des Grades n der Fourier-Koeffizienten aus Gl. (4.38) zeigt in 1 m Abstand auf der Symmetrieachse des Sägeblattes folgendes konvergierendes Verhalten:

$$\begin{aligned} n = 1 \quad &\longrightarrow \quad L_p = 98{,}0\,\mathrm{dB} \\ n = 2\,\mathrm{bis}\,10 \quad &\longrightarrow \quad L_p = 63{,}5\,\mathrm{dB} \end{aligned}$$

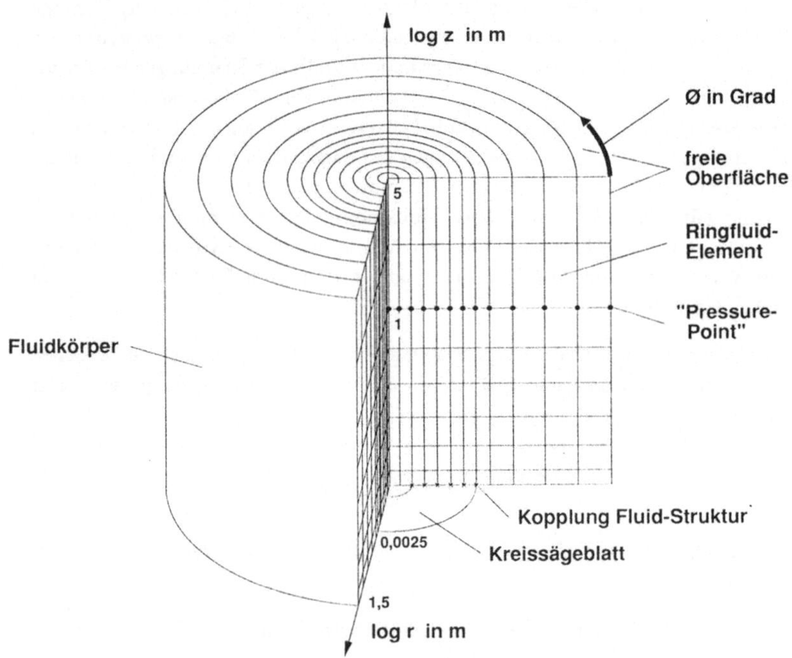

Abbildung 4.7: Modell zur Schalldruckberechnung nach der AFEM

Zusammenfassend kann festgehalten werden:

- Die Druckberechnung zeigt ab einem bestimmten Grad der Fourier-Reihe stabiles Verhalten;
- die Druckwerte weichen stark von den gemessenen Pegeln ab;
- der Modellierungsaufwand des Fluids ist hoch;
- die Rechenzeit mit Fluidelementen ist höher als mit der PSM und DFEM;
- die Koppelung von Fluid und Struktur ist bei Aussparungen in der Kreissägeblatt-Struktur nur bedingt möglich (Unterbrechung der Fluidkreise).

Die AFEM wird aufgrund mangelnder Eignung für Abstrahlprobleme bei den vorliegenden Strukturen nicht weiter verfolgt.

4.2.4 Der räumliche Zylinderstrahler

Das Rayleigh-Verfahren bzw. die Direkte Finite Elemente Methode kann zur Geräuschemissionsberechnung streng genommen nur auf ebene Strukturen angewendet werden. Um die Schallabstrahlung räumlicher Strukturen (Antriebsgehäuse) zu untersuchen, müssen alternative Wege und Modelle gesucht werden. In Anlehnung an die zylinderförmige Gestalt des Gehäuses als abstrahlendes Element liegt es nahe, auf das Modell des Zylinderstrahlers zurückzugreifen (Abb. 4.8). Das Schwingungsverhalten des Hohlzylinders kann im Frequenzbereich durch folgende Differential-Gleichungen beschrieben werden [91]:

$$\begin{aligned}
\left[\frac{1}{a^2}\frac{\partial^2}{\partial\Phi^2} + \frac{1-\nu}{2}\frac{\partial^2}{\partial z^2} + {k_L}^2\right]\xi + \frac{1}{a^2}\frac{\partial\eta}{\partial\Phi} + \frac{1+\nu}{2}\frac{\partial^2\zeta}{\partial\Phi\partial z} &= 0 \\
\frac{1}{a^2}\frac{\partial\xi}{\partial\Phi} + \left[\frac{1}{a^2} + a^* - {k_L}^2\right]\eta + \frac{\nu}{a}\frac{\partial\zeta}{\partial z} &= p\frac{1-\nu^2}{Eh} \\
\left[\frac{1-\nu}{2}\frac{1}{a^2}\frac{\partial^2}{\partial\Phi^2} + \frac{\partial^2}{\partial z^2} + {k_L}^2\right]\zeta + \frac{1+\nu}{2}\frac{1}{a}\frac{\partial^2\eta}{\partial\Phi\partial z} + \frac{\nu}{a}\frac{\partial\eta}{\partial z} &= 0
\end{aligned} \tag{4.39}$$

Hierin sind:

ξ, η, ζ	tangentiale, radiale, axiale Komponente der Auslenkung der Zylinderwand
k_L	Wellenzahl der Zylinderwand

a^*	$\frac{h^2}{12}\left[\left(\frac{2}{a^2\Phi^2}+\frac{2}{z^2}\right)^2+\frac{1}{2a^4(1-\nu)}\left(\frac{2(4-\nu)}{\Phi^2}+2+\nu\right)\right]$
a, z, Φ, h	Geometriegrößen nach Abb. 4.8

Für die Schallabstrahlung sind nur die radialen Auslenkungen der Struktur von Bedeutung. Die Eigenformen und deren Eigenfrequenzen werden nach BLEVINS [4] für einen an den Enden momentenfrei gelagerten Hohlzylinder wie folgt berechnet (Gl. 4.40):

$$f_{ij} = \frac{\lambda_{ij}}{2\pi a}\sqrt{\frac{E}{m''(1-\mu^2)}}, \tag{4.40}$$

mit dem Zylinderradius a, der Zylinderlänge L, der Wandstärke h, dem Elastizitätsmodul E, der Massenbedeckung m'', der Querkontraktionszahl μ, den Ordnungszahlen i, j sowie den Parametern λ_{ij} als Funktion von Geometrie, Schwingungsform und Randbedingungen:

Eigenform	λ_{ij} der Eigenform $_{ij}$
' Atmen ' $i = 0, j = 1, 2, 3, \ldots$	$\lambda_{ij} = 1$
Biegung $i = 1, j = 1, 2, 3 \ldots$	$\frac{j^2\pi^2\sqrt{(1-\nu^2)}}{\sqrt{2}}\frac{a^2}{L^2}$
' Quetschen ' $i = 2, 3, 4 \ldots, j = 1, 2, 3 \ldots$	$\frac{\sqrt{(1-\nu^2)(\frac{j\pi a}{L})^4+\frac{h^2}{12a^2}\left(i^2+\frac{(j\pi a)^2}{L}\right)^4}}{\frac{j\pi a}{L}+i^2}$

Der Lösungsansatz für Gl. 4.39 lautet für die interessierende η -Koordinate:

$$\eta = \sum_{i,j} \eta_{i,j} \sin\frac{j\pi x}{L} \cdot \cos i\Phi. \tag{4.41}$$

Mit den analytisch bestimmbaren Eigenfrequenzen und Eigenformen kann eine eventuell notwendige Korrektur des FE-Modelles (Updating) des Antriebsgehäuses erfolgen. Bei einer Anregung des Gehäuses mit einer periodischen, punktförmigen Kraft (Lagerkräfte des schwingenden Antriebsstranges), stellt sich auf der Oberfläche eine harmonisch schwankende Verformung und Geschwindigkeitsverteilung ein, die sich analytisch aus der Summe aller Modalkoeffizienten $\eta_{i,j}$ ableiten läßt [91].

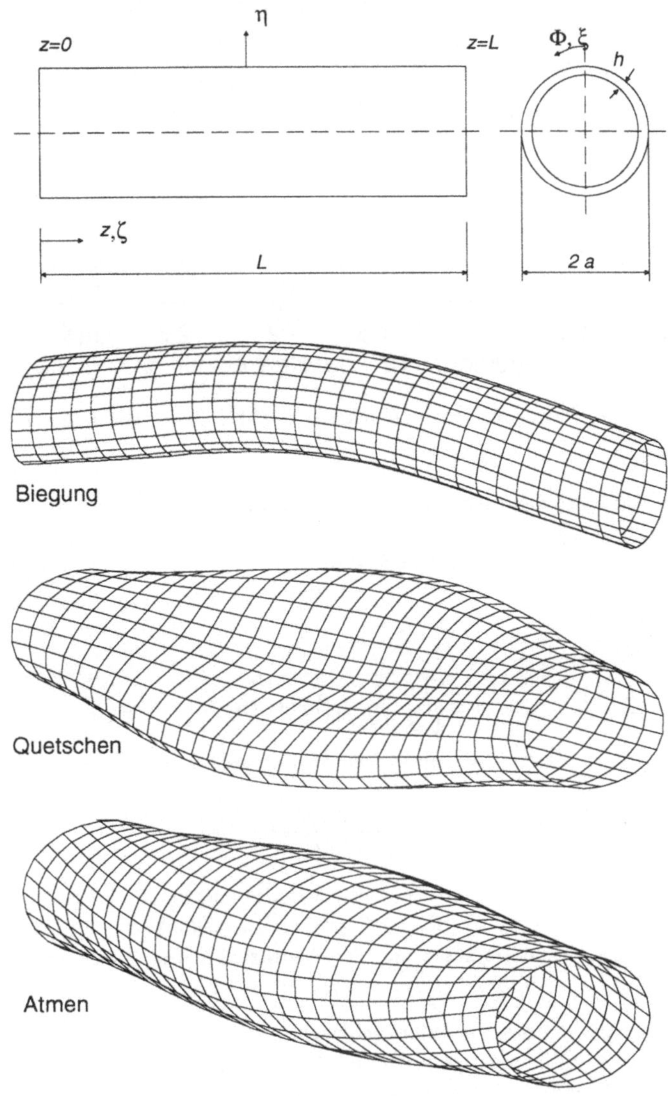

Abbildung 4.8: Eigenformen des Hohlzylinders als Gehäusemodell

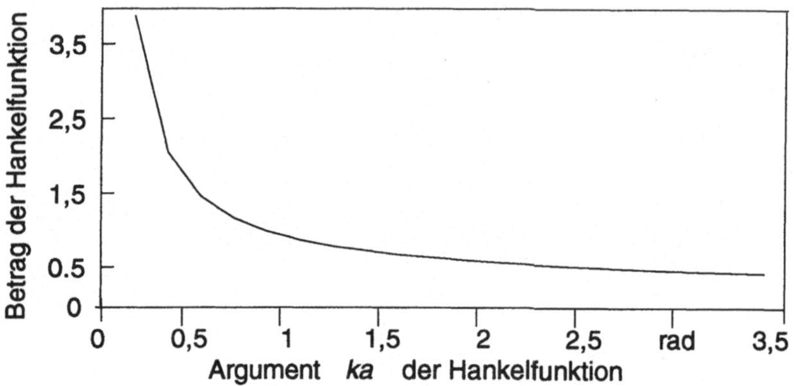

Abbildung 4.9: Betrag der Hankel-Funktion in Abhängigkeit von k und a

Die abgestrahlte Schalleistung erhält man in Anlehnung an die maschinenakustische Grundgleichung zu

$$P_0 = \rho_0 c_0 \; S \; \tilde{\bar{v}}^2 \; \sigma \tag{4.42}$$

mit

$$\tilde{\bar{v}} = \sqrt{\frac{1}{S} \iint_S |v|^2 a \;\, dz \, d\Phi} \tag{4.43}$$

und $S = 2\pi a L$. Der in Gl. 4.42 auftretende Abstrahlgrad σ ergibt sich nach Norton [64] zu:

$$\sigma = \frac{2}{\pi \, ka \, |H_1{}^{(1)}(ka)|^2}, \tag{4.44}$$

wobei $H_1{}^{(1)}(ka)$ die komplexe Hankelfunktion 1. Ordnung und 1. Art ist, die von der Besselfunktion abgeleitet wird. Der Betrag der Hankelfunktion ist in Abb. 4.9 als Funktion des Zylinderradius a und der Wellenzahl k des Elektrowerkzeuges dargestellt.

Die Schwinggeschwindigkeitsverteilung senkrecht zur Gehäuseoberfläche wird nach der FEM berechnet, die mittlere, zeitliche und räumliche Schwinggeschwindigkeit $\tilde{\bar{v}}$, die Bauteil-Oberfläche S und der Abstrahlgrad σ über das Geräuschemissionsprogramm SAP_S (s. Abschn. 5)

5 Entwicklung eines Simulationsprogrammes zur Geräuschemissionsberechnung

5.1 Konzept des Simulationsprogrammes

Bei der Entwicklung geräuscharmer Produkte ist die frühzeitige Abschätzung derer akustischen Eigenschaften von wesentlicher Bedeutung. Will man den kostspieligen und zeitintensiven Bau von Prototypen umgehen, so bietet die Simulation des Geräuschemissions-Verhaltens den einzigen Weg zur Beurteilung der akustischen Produkteigenschaften im Fertigungsvorfeld. Mit rechnerischen Analysen lassen sich gezielt Variantenuntersuchungen durchführen, um so den Einfluß von konstruktiven Parametern und Lösungsprinzipien zu erfassen.

Aufbauend auf den theoretischen Grundlagen des vorangegangenen Abschnittes wurde ein Simulations-Programm zur Bewertung der Geräuschemission elastomechanischer Systeme entwickelt. Durch eine Koppelung von Finite-Elemente-Rechenergebnissen und Elementarstrahlermodellen sollen Aussagen zur akustischen Güte einer Neukonstruktion getroffen werden können.

Der Berechnungsablauf erfolgt im wesentlichen in zwei Stufen. In einer ersten Phase wird das strukturmechanische Verhalten der Untersuchungsobjekte nach der Methode der Finiten Elemente (Solver MSC/NASTRAN) bestimmt. Dabei wird die Schwinggeschwindigkeits-Verteilung auf der Bauteiloberfläche bei aufgeprägter dynamischer Last berechnet. Zu Kontrollzwecken wird zusätzlich das statische Verhalten sowie das Eigenschwingungs-Verhalten bestimmt. In der zweiten Phase erfolgt die eigentliche Berechnung der Schallabstrahlung. Über Elementarstrahler, die die geometrische Form der finiten Elemente annehmen, wird die Verbindung von Körperschall zu Luftschall geknüpft. Die nach der FEM ermittelten Körperschallgrößen Schwinggeschwindigkeits-Amplitude und deren Phasenlage, Schwingfrequenz sowie geometrische Randdaten werden über ein entwickeltes Software-Interface (Abschn. 5.2.2) zu dem Simulationsprogramm SAP_S (Sound Analysis of Plane Structures © iwb) portiert (Abschn 5.2.3).

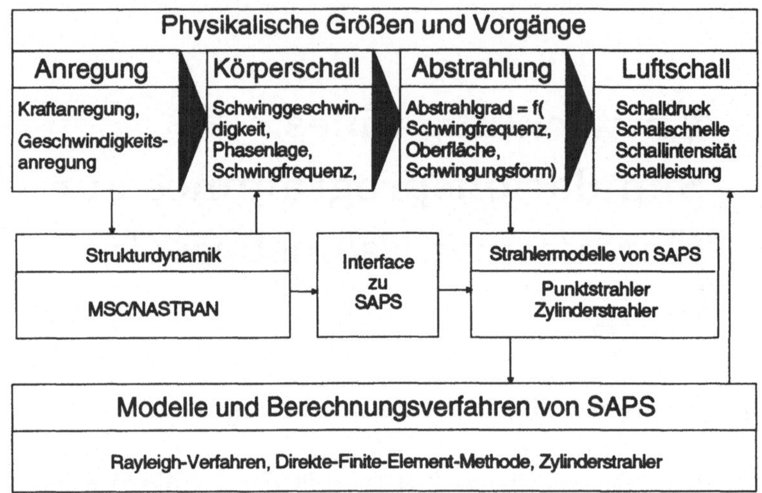

Abbildung 5.1: Konzept zur Berechnung des Luftschalls aus dem Körperschall

Innerhalb des Simulationsprogrammes SAPS wurden die Berechnungsmodelle aus Abschn. 4,

- das Rayleigh-Verfahren und
- die Direkte-Finite-Elemente-Methode,

in FORTRAN 77-Quellcode (ANSI X3.9-1978) umgesetzt und an einer CYBER 180-995 des Leibniz-Rechenzentrums der TU München implementiert.

Das Ausgabemodul von SAPS liefert die nach dem Rayleigh-Verfahren berechneten Schallfeldgrößen Schalldruck, Schallschnelle und Schallintensität an den Punkten der ISO-Normhalbkugel (vgl. Abb. 5.11) sowie die abgestrahlte Schalleistung unter Verwendung beider Verfahren. Für räumliche elastomechanische Strukturen wie beispielsweise das Gehäuse des Elektrowerkzeuges wird die Schalleistung zusätzlich über das Modell des Zylinderstrahlers ermittelt.

Abb. 5.1 verdeutlicht das Konzept und die Einbindung der Geräuschsimulation-Verfahren in die FE-Umgebung.

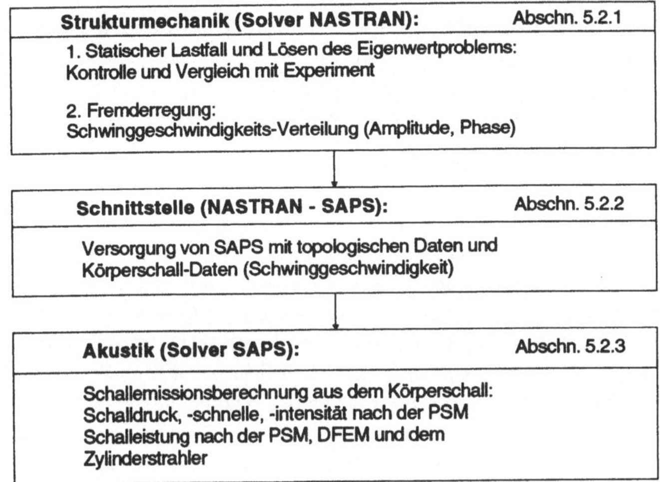

Abbildung 5.2: Komponenten und Ablauf der Simulation mit SAPS

5.2 Das Simulations-Programm SAPS - Komponenten und Simulationsablauf

Die Vorgehensweise bei der Berechnungsdurchführung ist schematisch in Abb. 5.2 dargestellt. Eine detaillierte Darstellung der einzelnen Blöcke erfolgt in den nachfolgenden Abschnitten.

5.2.1 Berechnung des statischen und dynamischen Strukturverhaltens

Die Finite-Elemente-Methode hat sich wegen ihrer enormen Vielseitigkeit in den Ingenieurdisziplinen allgemein und auch zur Berechnung von Werkzeugmaschinen und Werkzeugen im speziellen vor allem in den Bereichen der Forschung erfolgreich durchgesetzt [44, 20, 100]. Bei dieser Methode wird eine reale Struktur durch ein mathematisch-physikalisches Modell mit einer endlichen Anzahl von Knotenpunkten diskretisiert. Durch sogenannte Ansatzfunktionen der zwischen den Knoten liegenden Elemente werden deren Kontinuumseigenschaften auf die Knotenpunkte transformiert und diskretisiert.

Der plattenförmige bzw. scheibenförmige Aufbau der Werkzeuge erfordert es, die

Massen-, Dämpfungs- und Federeigenschaften mit ebenen Dreiecks- und Viereckselementen zu beschreiben. Nach dem Festlegen von Elementeigenschaften, Materialeigenschaften, Einspannbedingungen und Belastungen wird die Strukturantwort an den Knotenpunkten nach dem Matrizenkalkül berechnet.

Der erste Schritt besteht aus dem Erstellen eines FE-Modells nach den Modellierungsanweisungen aus Abschn. 3 mit einem Preprocessor (MSC/MOD und PATRAN) und dem Übersetzen des Modells in die NASTRAN-Syntax. Zur Berechnung des Abstrahlverhaltens einer elastomechanischen Struktur muß die Schwinggeschwindigkeitsverteilung und deren Phasenlage senkrecht zur Bauteiloberfläche bekannt sein. Die Körperschallamplituden können bei Anregung mit einem zeitlich veränderlichen Kraftvektor auf modaler Basis oder durch eine direkte Frequenzantwortberechnung ermittelt werden. Um Kosten- und Rechenzeit zu sparen wurde auf die direkte Berechnung der Frequenzantwort an den Knotenpunkten zurückgegriffen. Am Beispiel eines Kreissägeblattes aus der chirurgischen Orthopädie wird der Berechnungsablauf zur Ermittlung des Körperschallverhaltens aufgezeigt (komplexe Schwingungsamplitude: optional Betrag der Amplituden und deren Phasenlage oder in Form von Real- und Imaginärteil):

- Statische Analyse (Abb. 5.3).

$$[C]\ \{x\} \ = \ \{F\} \tag{5.1}$$

  mit der Steifigkeitsmatrix $[C]$, dem Verschiebungsvektor $\{x\}$ und dem Vektor der äußeren statischen Kraft $\{F\}$.

  Sie dient zu Kontrollzwecken und zur Ermittlung des Verformungs- und Spannungszustandes (Von-Mises-Spannung). Die Einspannung erfolgt längs des Innendurchmessers, die Belastung senkrecht zur Plattenebene am Außenrand mit einer Einheitskraft von 1 N;

- Modalanalyse (Abb. 5.4)

$$[[C] - \omega^2[M]]\ \{\phi\} \ = \ 0 \tag{5.2}$$

  mit der Steifigkeitsmatrix $[C]$, der Massenmatrix $[M]$, der Eigenkreisfrequenz ω und dem massennormierten Eigenvektor $\{\phi\}$;

  Sie dient zum Vergleich mit den experimentell gewonnenen Eigenfrequenzen und -vektoren. Die Freiheitsgrade des Kreissägeblatt werden an der Innenbohrung gefesselt.

  An dieser Stelle soll ein Vergleich von analytisch, experimentell und numerisch ermittelter Eigenfrequenz und zugehöriger Eigenform die Güte des FEM-Modells demonstrieren. Für die Eigenfrequenzen einer gelochten kreisförmigen Platte mit dem Außenradius a und dem Innenradius b gilt bei geklemmten Innen- und freien Außenrand nach BLEVIS [4]:

$$f_{ij} = \frac{{\lambda_{ij}}^2}{2\pi a^2} \sqrt{\frac{Eh^3}{12m''(1-\nu^2)}}$$

		λ_{ij}^2 für b/a = 0,1 ... 0,7			
i	j	0,1	0,3	0,5	0,7
0	0	4,23	6,66	13,0	37,0
1	0	3,14	6,33	13,3	37,5
2	0	5,62	7,95	14,7	39,3
3	0	12,4	13,3	18,5	42,6
0	1	25,3	42,6	85,1	239

Hierbei ist h die Plattendicke, $\nu = 0,3$ die Querkontraktionszahl, $m'' = \varrho \cdot h$ die Massenbedeckung und λ eine Funktion der Randbedingungen, der Geometrie und des Werkstoffverhaltens. Die Funktionswerte für λ_{ij} wurden für ein Einspannverhältnis von $\frac{b}{a} = 0,255$ über ein Polynom 3. Grades nach der Methode der kleinsten Fehlerquadrate interpoliert.

Die nachfolgende Gegenüberstellung von analytisch, numerisch und experimentell ermittelten Eigenfrequenzen zeigt eine gute Übereinstimmung aller drei Ergebnisse. Die maximale Abweichung bei der 1. Schirmschwingung beträgt 6 % und ein Modell-Updating, z. B. in Form einer Sensitivitätsanalyse, erübrigt sich.

	1. Fächerschwingung	1. Schirmschwingung
analytisch	1103,6 Hz	1199,4 Hz
FEM	1086,2 Hz	1124,7 Hz
Experiment	1102,7 Hz	1166,1 Hz

- direkte Frequenzantwort-Berechnung (Abb. 5.5)

$$[-[M]\omega^2 \;+\; j[D]\omega \;+\; [\underline{C}]]\;\{x\} \;=\; \{\underline{F}\}, \tag{5.3}$$

mit der Massenmatrix $[M]$, der Dämpfungsmatrix $[D]$, der komplexen Steifigkeitsmatrix $[\underline{C}]$, der Erregerfrequenz ω und der dynamischen Erregerkraft $\underline{F}$.

Die Dämpfung der Resonanzamplituden folgt dem wegproportionalen Dämpfungsansatz in Form einer komplexen Steifigkeitsmatrix

$$\{\underline{C}\} = \Re\{\underline{C}\} \;+\; j\;\Im\{\underline{C}\}, \tag{5.4}$$

mit dem Realteil der Steifigkeitsmatrix $\Re\{\underline{C}\}$, der die Elastizitätseigenschaften durch den E-Modul berücksichtigt und dem Imaginärteil der Steifigkeitsmatrix $\Im\{\underline{C}\}$, der als Verlustfaktor η zu interpretieren ist.

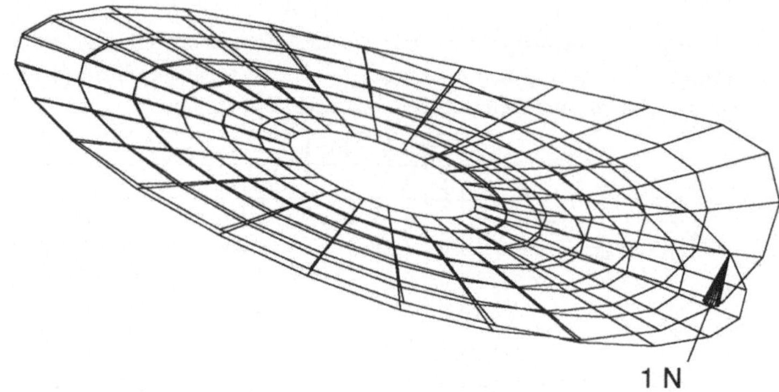

Abbildung 5.3: Statische Analyse eines Kreissägeblattes

Mit dieser Methode wird die Schwinggeschwindigkeitsverteilung auf der Bauteiloberfläche durch Lösung des linearen Gleichungssystems (Gl. 5.3) berechnet. Dies ist gegenüber der Ermittlung der modalen Frequenzantwort bei nur einer Erregerfrequenz aus zeitlichen Gründen zu bevorzugen. Die realitätsnahe Nachbildung des Anregungsmechanismus sowie Ort und Richtung der Krafteinleitung und eine geeignete Wahl der Randbedingungen spielen die entscheidene Rolle für die Güte der Berechnung. Denkbare Anregungskonfigurationen wären

- Einspannung an der Innenbohrung, periodische Erregung am Außenrand oder beliebig auf dem Werkzeuggrundkörper;
- Einspannung an der Innenbohrung, rauschförmige Erregung am Außenrand oder beliebig auf dem Werkzeuggrundkörper;
- Innenbohrung beweglich (Simulation des axialen Spiels), periodische Fußpunkt- bzw. Geschwindigkeits-Erregung von der Antriebsseite.

Die reale Anregung von der Antriebsseite erfolgt bei einer Motordrehzahl von 18.000 $\frac{1}{\text{min}}$, was einer Erregerfrequenz von 300 Hz entspricht. Laut Konstruktionszeichnung sitzt das Kreissägeblatt fest auf einer Welle, die ihrerseits 0,2 mm Axialspiel aufweist. Diesem Umstand entsprechend soll eine Fußpunkterregung simuliert werden (starres periodisches Verschieben der Struktur), die zur konstanten Verschiebung eine zusätzliche Kontinuumsverformung der Struktur bewirkt (vgl. Abschn. 2). Dies läßt sich mit der sog. „large mass method“ [54] simulieren. Dabei wird eine sehr große Masse an die Innenbohrung der Struktur starr angekoppelt, durch sog. SUPORT-Karten der NASTRAN-Meta-Sprache eine Starrkörperbewegung zugelassen, und eine Kraft F so gewählt, daß sich nach den Newton'schen

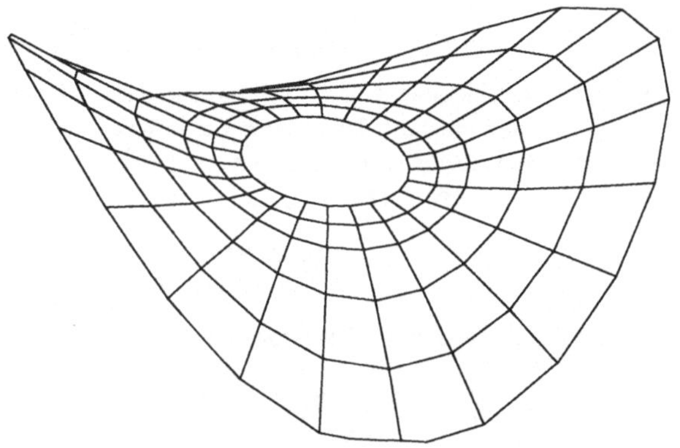

Abbildung 5.4: Eigenschwingungsanalyse eines Kreissägeblattes

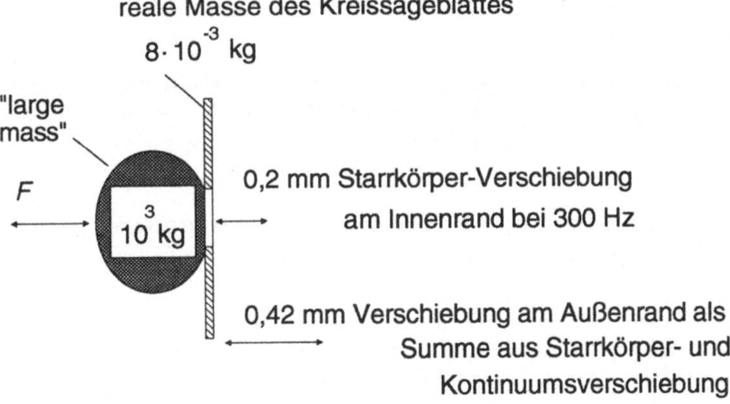

Abbildung 5.5: Fremderregung des Kreissägeblattes

Gesetz

$$F = m\,\ddot{x} = -m\,(2\pi f)^2\,x \tag{5.5}$$

eine konstruktionsbedingte Verschiebung x (hier: 0,2 mm) mit einer Frequenz f von 300 Hz an der Innenbohrung einstellt. Damit sich bei jeder beliebigen Erregerfrequenz f stets die gleiche Verschiebung x einstellt, muß der Scheitelwert $\hat{F}$ der komplexen Erregerkraft $\underline{F}(f)$ in NASTRAN-eigener Darstellung

$$\underline{F}(f) = \hat{F}\,(C(f) + jD(f))\,e^{j(\theta - 2\pi f \tau)}, \tag{5.6}$$

einer quadratischen Funktion nachstehender Form folgen [54]:

$$\hat{F} = \sum_{i=0}^{2} A_i \left(\frac{X - X_1}{X_2}\right)^i, \tag{5.7}$$

mit C Realteil und D Imaginärteil der Erregerkraft, θ Phasenverschiebung.

Mit den entsprechend gewählten Konstanten $X_1 = 1$, $X_2 = 1$, $A_0 = A_1 = 0$ und $A_2 = 7,89568$ ermittelt NASTRAN unter Verwendung von $X = f^2$ eine Verschiebung x von - 0,199 mm an der Innenbohrung aufgrund der Starrkörperverschiebung, am Sägeblattaußenrand eine maximale Gesamtverformung aus Starrkörper- und Kontinuumsverformung von -0,418 mm. Die am Kreissägeblatt angebrachte Masse betrug $1 \cdot 10^3$ kg.

Die Ergebnisse der Fremderregunganalyse (Schwinggeschwindigkeit, Phasenlage, Erregerfrequenz) werden in sogenannten PUNCH-Files abgelegt und über eine Software-Schnittstelle dem Geräuschemissionsprogramm SAP_S zugeführt.

5.2.2 Anbindung der Finite-Elemente-Umgebung an das Simulationsprogramm SAP_S

Zur eigentlichen Geräuschemissionsberechnung mit dem Programm SAP_S müssen die Ergebnisse der strukturdynamischen Analyse mit NASTRAN zum FORTRAN-Programm SAP_S portierbar sein. Folgende Informationen müssen den NASTRAN-Ergebnisdateien entnommen bzw. aus ihnen ermittelt werden können:

- Anzahl der Elemente und Knotenpunkte sowie deren kartesische Koordinaten;
- Art der Elemente (Dreieck, Viereck) und deren zugehörige Knotenpunktsnummern;
- Oberfläche und Schwerpunkte der Elemente;

- Eigenwerte und Eigenvektoren;
- Schwingfrequenz bei Fremderregung;
- Schwinggeschwindigkeit senkrecht zur Elementoberfläche und deren Phasenlage an allen Knotenpunkten.

Die NASTRAN-Standard-Ergebnisdatei ist als Auslesedatei aufgrund überflüssiger und unregelmäßig auftretender Kommentare, Warnungen und Leerzeilen bei großem Datenfluß denkbar ungeeignet. Einen sehr viel strukturierteren und kompakteren Aufbau zeigt das sogenannte PUNCH-File, eine optionale Ergebnisdatei im ASCII-Format für beliebige Nachbearbeitung. Deshalb wird diese als Schnittstelle benutzt und die Ergebnisausgabe muß im NASTRAN-CASE-CONTROL-Deck entsprechend umgelenkt werden. Die Datensätze werden zeilenweise eingelesen, unnötige Informationen übersprungen (z.B. Kommentarzeilen) sowie redundante Informationen werden erkannt bzw. ignoriert. Zur Kontrolle des Lesevorganges werden zusätzlich Protokolldateien angelegt.

An die Software-Schnittstelle wurde der Anspruch gestellt, daß sie sämtliche Daten automatisch, ohne Eingriffe von Hand durch Editieren der NASTRAN-Ausgabedateien, einlesen kann. Dies erleichtert Anwendern, die über keine speziellen NASTRAN- oder Betriebsystem-Kenntnisse NOS/VE verfügen, die Programm-Handhabung zur Geräuschemissionsberechnung. Abb. 5.6 zeigt das Zusammenwirken der verschiedenen Dateien und Programme an der Software-Schnittstelle.

5.2.3 Aufbau und Berechnungsmodelle des Simulationsprogrammes SAP$_S$

Die Berechnungen der Geräuschemission aus den Ergebnissen der Strukturanalyse mit NASTRAN sind in dem Programmsystem SAP$_S$ (ANSI X3.9-1978 FORTRAN) zusammengefaßt. Das Programm besteht aus einem Hauptprogramm, 27 Unterprogrammen und 7 Funktionen. Mit 3447 Quellcode-Zeilen benötigt es einen Speicherplatzbedarf von 184,7 kByte an einer CYBER 180-995 des Leibniz-Rechenzentrums der TU München. Durch das in ANSI-Standard gehaltene Programm ist eine spätere Portierung auf Workstation- und PC-Ebene denkbar. Abb. 5.7 zeigt den prinzipiellen Ablauf der Geräuschemissionsberechnung und das Zusammenwirken der Programmodule.

Die Umsetzung der theoretischen Grundlagen aus Abschn. 4 in einen Rechenalgorithmus zur Geräuschemissionsberechnung soll an Hand eines Kreissägeblattes nach dem Rayleigh-Verfahren und der DFEM aufgezeigt werden. Ebenso erfolgt

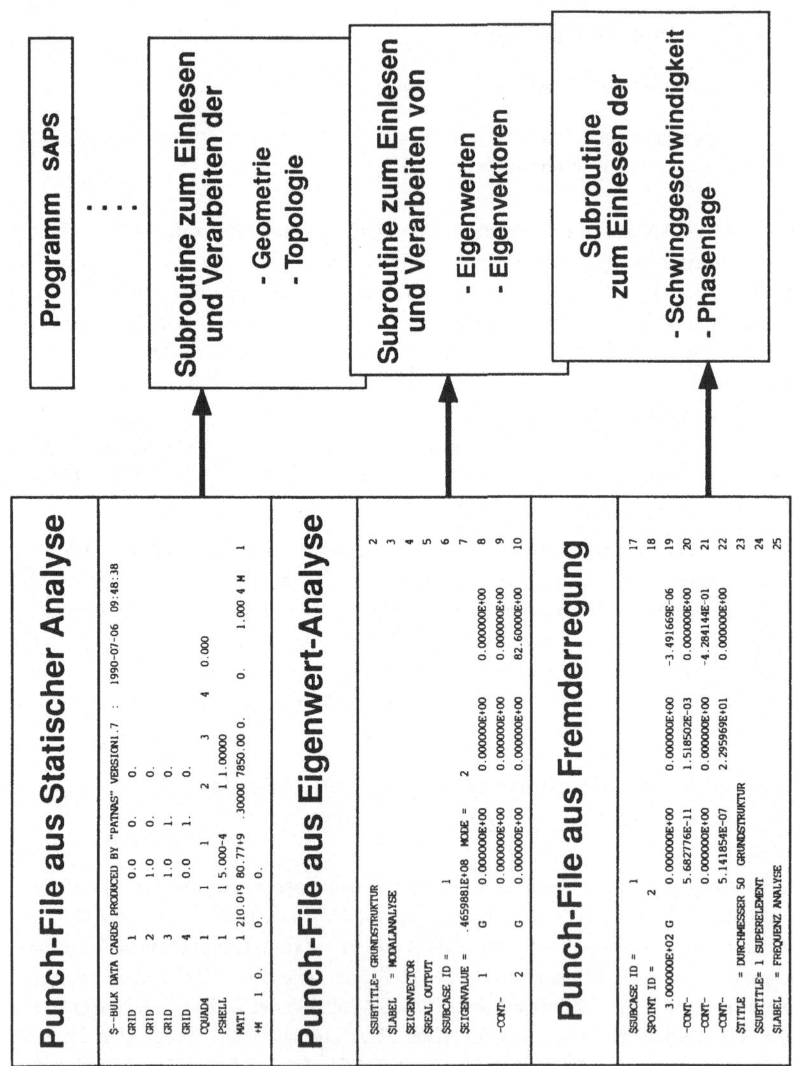

Abbildung 5.6: Software-Schnittstelle zu NASTRAN

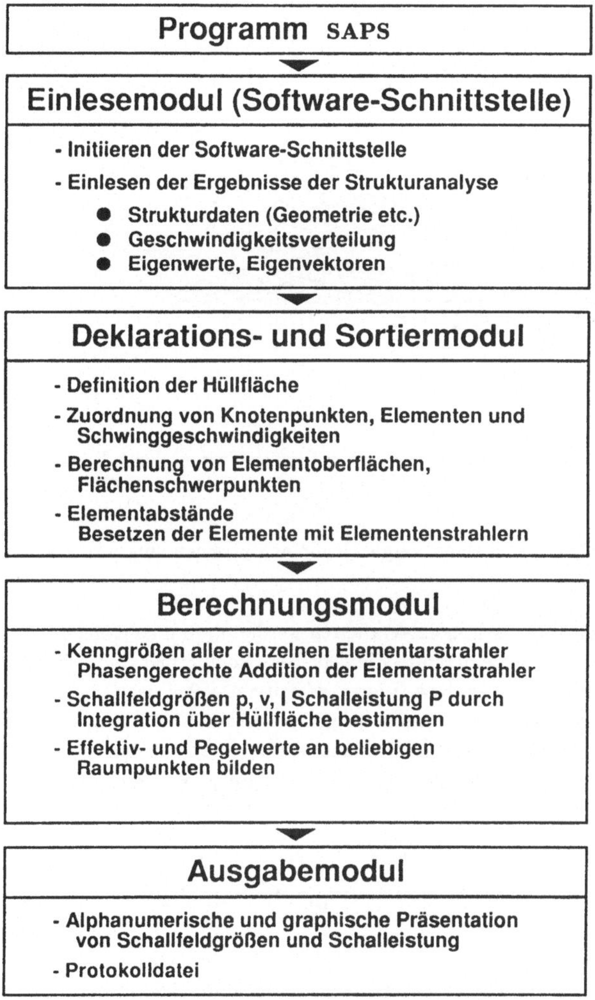

Programm SAPS

Einlesemodul (Software-Schnittstelle)

- Initiieren der Software-Schnittstelle
- Einlesen der Ergebnisse der Strukturanalyse
  - Strukturdaten (Geometrie etc.)
  - Geschwindigkeitsverteilung
  - Eigenwerte, Eigenvektoren

Deklarations- und Sortiermodul

- Definition der Hüllfläche
- Zuordnung von Knotenpunkten, Elementen und Schwinggeschwindigkeiten
- Berechnung von Elementoberflächen, Flächenschwerpunkten
- Elementabstände
  Besetzen der Elemente mit Elementenstrahlern

Berechnungsmodul

- Kenngrößen aller einzelnen Elementarstrahler
  Phasengerechte Addition der Elementarstrahler
- Schallfeldgrößen p, v, I Schalleistung P durch Integration über Hüllfläche bestimmen
- Effektiv- und Pegelwerte an beliebigen Raumpunkten bilden

Ausgabemodul

- Alphanumerische und graphische Präsentation von Schallfeldgrößen und Schalleistung
- Protokolldatei

Abbildung 5.7: Aufbau des Simulationsprogramms SAP$_S$

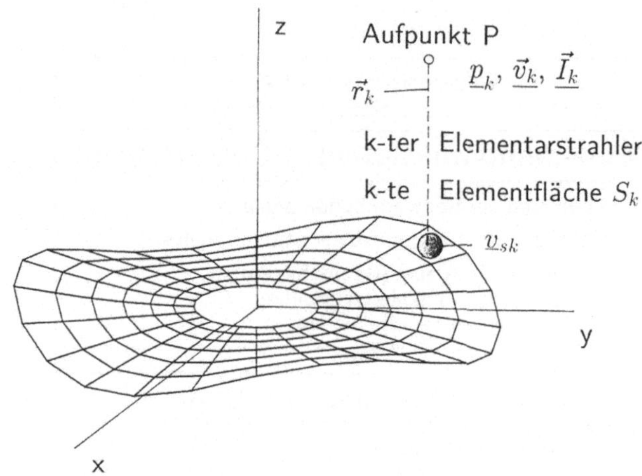

Abbildung 5.8: Substitution der finiten Elementflächen durch Elementarstrahler

ein Programmtest durch einen Vergleich von analytischen und numerischen Ergebnissen.

Beim Rayleigh- bzw. Helmholtz-Verfahren werden die Punktstrahler zweckmäßig so gelegt, daß sie mit dem Finite-Element-Netz kompatibel sind. Ihr Quellgebiet ΔS nimmt somit Dreiecks- bzw. Viereckgestalt an, wobei das Quellenzentrum im Schwerpunkt der Elemente liegt und die geometrischen Abmessungen des Elements annimmt. Der Momentanwert des in einem Aufpunkt P induzierten Druckes p_{in} ergibt sich aus der Summe der von allen n Elementarstrahlern erzeugten Einzeldrücke (Abb. 5.8).

$$p(r,\omega)_{in} = \frac{1}{2\pi}\sum_{i=1}^{n} j\omega\rho_0 v(\omega)\frac{e^{-j\omega\frac{r}{c}}}{r}\Delta S = \frac{1}{2\pi}\sum_{i=1}^{n} j\omega\rho_0 q_i \frac{e^{-j\omega\frac{r}{c}}}{r}. \qquad (5.8)$$

Abb. 5.9 zeigt exemplarisch das berechnete Schalldruckfeld zweier gegenphasig schwingender Punktstrahler.

Neben dem Schalldruck soll eine Berechnung der Schnelle und somit der Schallintensität ermöglicht werden. Aus den Intensitätswerten kann durch Integration über eine geeignete Hüllfläche die abgestrahlte Schalleistung ermittelt werden. Nach Gl. (4.8) läßt sich die Schnelle in x-Richtung unter Berücksichtigung von Abb. 5.10 in

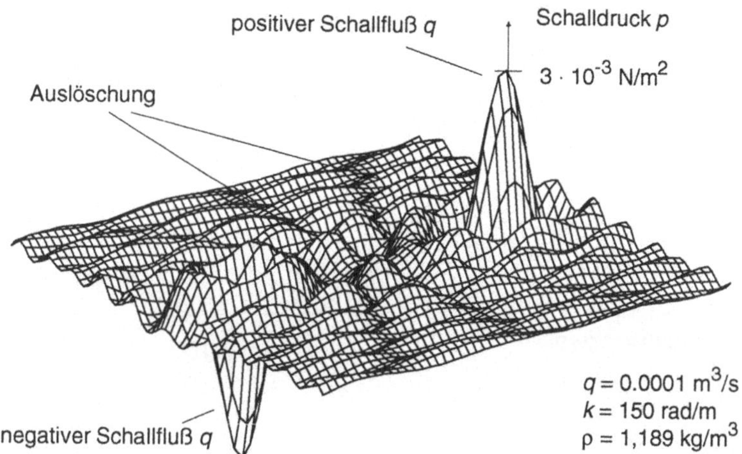

Abbildung 5.9: Berechnetes Schalldruckfeld zweier gegenphasig schwingender Punktstrahler

Differenzenform darstellen:

$$v_x = -\frac{p_B - p_A}{\Delta x}\frac{1}{\rho}\frac{1}{2\pi f}, \tag{5.9}$$

wobei eine zeitliche Integration durch eine Division mit $\omega = 2\pi f$ und die Gradientenform des Druckes durch einen Differenzenquotienten ersetzt wird.

Die Gültigkeit von Gl. (5.9) setzt eine stetige, differenzierbare Funktion von p voraus, was bei sinusoidalen Funktionen stets der Fall ist. Der Druckgradient Δp wird aus der Differenz der Drücke an den Punkten A und B ermittelt. Die Lage von A und B wird ausgehend vom Wendepunkt W des Druckverlaufs bei $\pm\frac{1}{2}\frac{\lambda}{10}$ bestimmt (Abb. 5.10, in Anlehnung an Abb. 2.14 und Abb. 4.5).

Nach [7] muß die Wellenlänge λ mindestens sechsmal größer sein als der Abstand der Punkte A und B, um den systematischen Fehler kleiner als 1 dB halten zu können. Wird Δx zu groß gewählt, wird der Druckgradient falsch bzw. ungenau angenähert und es wird der relativ geringe Druckabfall entlang dieser Strecke, jedoch nicht die gesuchte Steigung der Druckkurve berechnet.

Die induzierten Schallgrößen Druck, Schnelle und Intensität ergeben sich durch Superposition aller Einzelstrahler und werden an den nach ISO 3745 [112] festgelegten Punkten der Hüllfläche berechnet (Abb. 5.11). Die Berechnung der abgestrahlten Schalleistung erfolgt durch numerische Integration über eine geschlossene

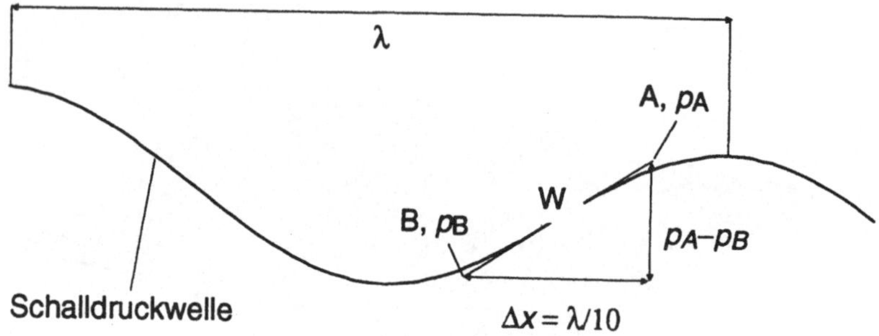

Abbildung 5.10: Approximierte Schallschnelle

Halbkugel-Oberfläche, die nach ISO in 10 gleiche Flächenelemente ΔS_i aufgeteilt ist.

Nach HÜBNER berechnet sich die von einer ebenen Struktur abgestrahlte Schalleistung P_S zu:

$$P_S = \rho_0 \, c \frac{k^2}{2\pi} \left\{ \sum_{i=1}^{N} \frac{v_{0i}^2}{2} \, \Delta S_i^2 + \sum_{l=1}^{N} \sum_{m=1}^{N} \frac{v_{0l} \, v_{0m}}{2} \, \Delta S_l \, \Delta S_m \, \frac{\sin(k \, d_{lm})}{k \, d_{lm}} \, cos \, \varphi_{lm} \right\}. \tag{5.10}$$

Die vorkommenden Größen wurden zum größten Teil bereits bei der Geräuschemissions-Simulation nach der Rayleigh-Methode verwendet und über die Software-Schnittstelle eingelesen und sortiert. Lediglich die Abstände d_{lm} der Flächenelemente l und m und die Phasenunterschiede φ_{lm} in der Schnelle sind noch bereitzustellen. Die Elementflächen und Elementschwerpunkte berechnen sich nach Abb. 5.12. Die Phasenverschiebung φ_{lm} der Schwinggeschwindigkeit zwischen dem l-ten und m-tem Element ergibt sich zu

$$\varphi_{lm} = \varphi_l - \varphi_m = \tan^{-1} \frac{\Im\{v_l\}}{\Re\{v_l\}} - \tan^{-1} \frac{\Im\{v_m\}}{\Re\{v_m\}}. \tag{5.11}$$

Die Schallabstrahlung der Gehäuseschalen des Elektrowerkzeuges soll wie bereits erwähnt über das Modell des Zylinderstrahlers alternativ zum Rayleigh-Verfahren simuliert werden. Die abgestrahlte Schalleistung P erhält man in Anlehnung an

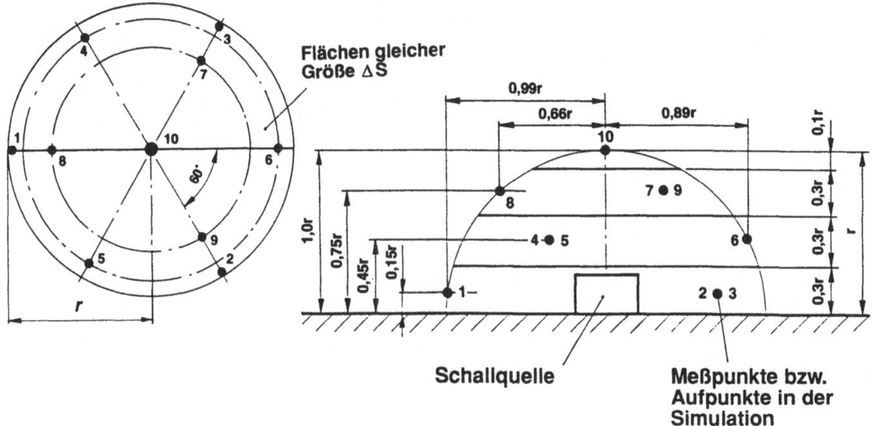

Abbildung 5.11: Hüllfläche nach ISO 3745 [110]

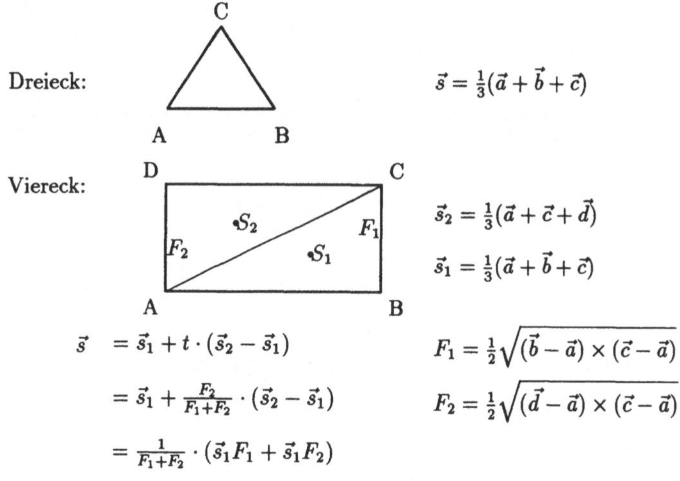

Abbildung 5.12: Berechnung von Elementflächen und deren Schwerpunktkoordinaten

die maschinenakustische Grundgleichung zu

$$P = \rho c \; S \; \tilde{\bar{v}}^2 \; \sigma.$$

Für das Modell des Zylinderstrahlers muß der frequenzabhängige Abstrahlgrad σ,

$$\sigma = \frac{2}{\pi \, ka \, |H_1{}^{(1)}(ka)|^2},$$

über die komplexe Hankelfunktion 1. Art und 1. Ordnung $H_1{}^{(1)}$ bestimmt werden. Tab. 5.1 zeigt die Berechnung von σ beispielhaft für die Erregerfrequenzen $f = 300, 1200, 3000$ und 6000 Hz.

f in Hz	$k \cdot a$ in rad	$H_1{}^{(1)}(ka)$	$\lvert H_1{}^{(1)}(ka)\rvert$	σ
300	$1,69 \cdot 10^{-1}$	$8,44 \cdot 10^{-2} - j3,89 \cdot 10^{0}$	$3,89 \cdot 10^{0}$	0,249
1200	$6,77 \cdot 10^{-1}$	$3,20 \cdot 10^{-1} - j1,14 \cdot 10^{0}$	$1,18 \cdot 10^{0}$	0,675
3000	$1,69 \cdot 10^{0}$	$5,77 \cdot 10^{-1} - j2,89 \cdot 10^{-1}$	$6,46 \cdot 10^{-1}$	0,902
6000	$3,39 \cdot 10^{0}$	$1,85 \cdot 10^{-2} - j3,99 \cdot 10^{-1}$	$4,40 \cdot 10^{-1}$	0,970

Tabelle 5.1: Zur Berechnung des Abstrahlgrades σ des Zylinderstrahlers. Mit der Erregerfrequenz f, der Wellenzahl k und dem Zylinderradius a

Die mittlere Schnelle $\tilde{\bar{v}}$ ergibt sich aus der räumlichen und zeitlichen Mittelung der Oberflächen-Schwinggeschwindigkeiten aus der FEM-Analyse (vgl. Abb. 5.13):

$$\tilde{\bar{v}} = \sqrt{\frac{1}{S} \iint_S |v|^2 a \;\; dz \, d\Phi}.$$

Die Oberfläche S sowie die Schallkennimpedanz ρc der Luft sind Konstanten.

5.3 Genauigkeitsbetrachtungen der Berechnungsmodelle

Die Qualität der numerischen Berechnungsverfahren läßt sich durch einen Vergleich mit analytisch ermittelten Ergebnissen beurteilen. Folgende Kontrollrechnungen wurden durchgeführt:

- Verifikationen zur Schalleistungsberechnung;
- Verifikationen zur Schalldruck- und Schallintensitätsberechnung sowie

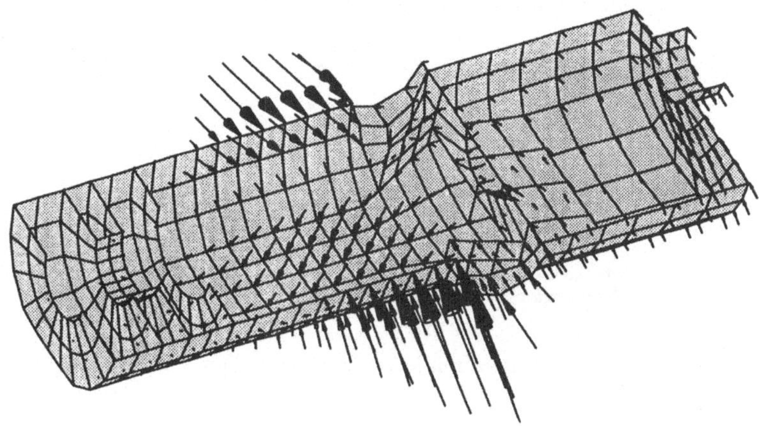

Abbildung 5.13: Schwinggeschwindigkeits-Verteilung an der Gehäuseschale

- Plausibilitätskontrollen von Nah- und Fernfeldzuständen.

Wird eine ebene Struktur zu Schwingungen erregt, so setzt sie den Körperschall in Abhängigkeit von ihrer Oberfläche und der Frequenz in Luftschall um. Das frequenz- und oberflächenabhängige Umsetzen des Körperschalls wird durch den sog. Abstrahlgrad σ, einen akustischen Wirkungsgrad, beschrieben. Die abgestrahlte Schalleistung P berechnet sich zu ([34], vgl. Gl. (3.2) bzw. 3.8)

$$P = \rho c S \tilde{\bar{v}}^2 \sigma \tag{5.12}$$

Betrachtet wird die in Abb. 5.14 dargestellte Lochscheibe mit einer geometrisch gemittelten effektiven Schwinggeschwindigkeit $\tilde{\bar{v}}$ und einer Oberfläche S. Gemäß Gl. (3.2) ergibt sich in Verbindung mit Gl. (3.9), nach der für kompakte Schallquellen der Abstrahlgrad σ berechnet wird, ein analytisch ermittelter Leistungspegel von 88,5 dB. Sowohl die DFEM als auch die PSM zeigen mit einen Pegel von 87,8 dB eine brauchbare Übereinstimmung zwischen analytischen und numerischen Ergebnissen.

Zur Kontrolle von Druck-, Intensitäts- und Leistungsberechnungen soll das Abstrahlverhalten am Beispiel einer ebenen, quadratischen Platte nach Abb. 5.15 diskutiert werden. Bei einer Schwingfrequenz von 3 kHz mit einem Scheitelwert

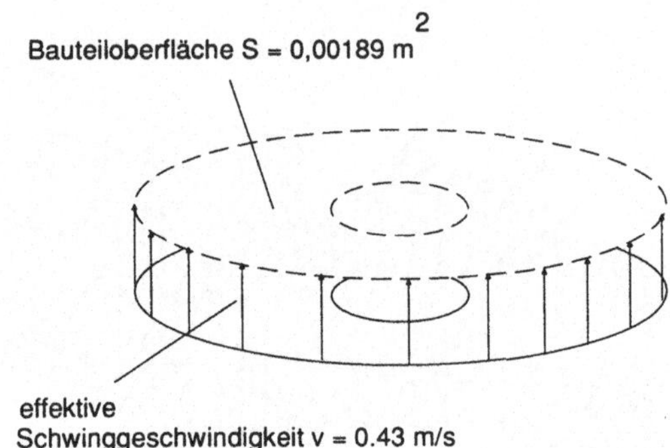

Abbildung 5.14: Teststruktur mit konstanter Geschwindigkeitsverteilung

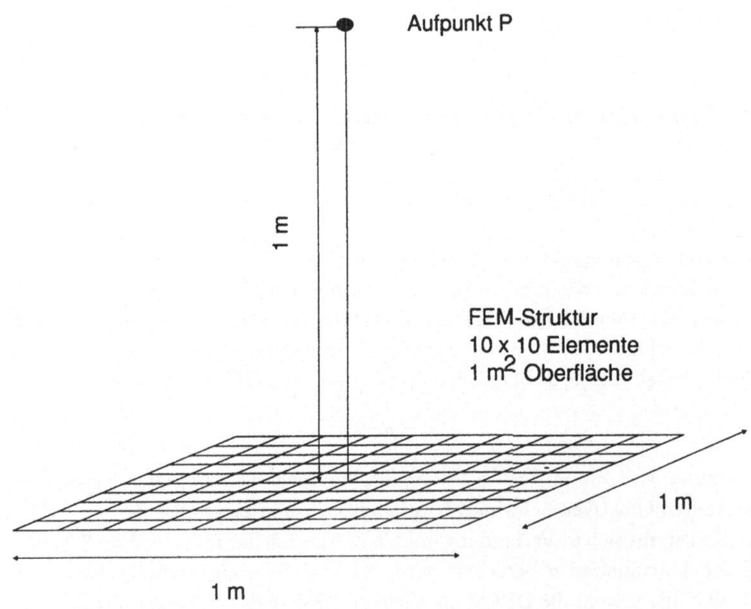

Abbildung 5.15: Plattenstruktur mit Aufpunkt im Fernfeld

der Schwinggeschwindigkeit von $2,5 \cdot 10^{-4}$ m/s befindet sich ein in $r = 1$ m entfernter Aufpunkt im Fernfeld, wo die Schallfeldgrößen eine reelle und somit eine mathematisch einfach zu handhabende Form annehmen.

Im Fernfeld (Abstand von der Schallquelle $r \geq 1,5\lambda$) gilt:

$$\tilde{I} = \tilde{p}\,\tilde{v} = \frac{\tilde{p}^2}{\rho\,c} = \rho\,c\,\tilde{v}^2, \tag{5.13}$$

$$P = \tilde{p}\,\tilde{v}\,S = \frac{\tilde{p}^2}{\rho\,c}\,S, \tag{5.14}$$

$$\tilde{p} = \sqrt{\frac{P\,\rho\,c}{S}}, \tag{5.15}$$

Tab. 5.2 zeigt die analytischen und numerischen Ergebnisse für die Platte auf deren Mittelachse in 1 m Abstand.

Schallgrößen	analytisch	numerisch
Schalldruckpegel L_p re $2 \cdot 10^{-5}\,\frac{\mathrm{N}}{\mathrm{m}^2}$	63,2 dB	61,9 dB (PSM)
Schallintensitätspegel L_I re $1 \cdot 10^{-12}\,\frac{\mathrm{W}}{\mathrm{m}^2}$	63,2 dB	62,2 dB (PSM)
Schalleistungspegel L_W re $1 \cdot 10^{-12}\mathrm{W}$	71,1 dB	71,1 dB (PSM) 72,4 dB (DFEM)

Tabelle 5.2: Vergleich von analytischen und numerischen Ergebnissen

Als Plausibilitätskontrolle wurde der berechnete Druck- und Schnelleverlauf vor der Lochscheibe nach Abb. 5.14 herangezogen, der theoretisch folgendes Verhalten zeigt:

Im Nahfeld gilt

$$v \sim \frac{1}{r^2}, \qquad p \sim \frac{1}{r}, \qquad \text{Phasenverschiebung zwischen } p \text{ und } v: \leq 90°, \tag{5.16}$$

Im Fernfeld gilt

$$v \sim \frac{1}{r}, \qquad p \sim \frac{1}{r}, \qquad \text{Phasenverschiebung zwischen } p \text{ und } v:\ 0. \tag{5.17}$$

Abb. 5.16 zeigt eine „photographische“ Momentaufnahme des Druck- und Schnelleverlaufs mit der entfernungsabhängigen Phasenverschiebung zwischen der Druck- und Schnellekurve.

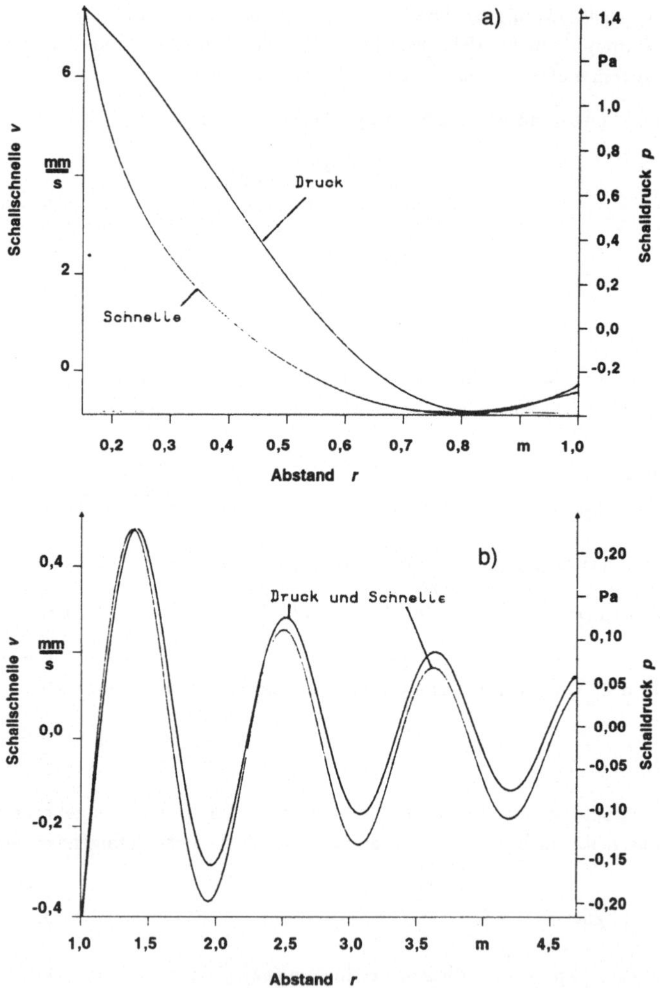

Abbildung 5.16: Berechneter Phasenunterschied von Druck- und Schnelle im a) Nah- und b) Fernfeld

6 Bewertung der Neuentwicklungen unter Verwendung des Simulationsprogrammes SAP_S

6.1 Bewertungsgrößen aus der Geräuschsimulation

Das Ausgabe-Modul des Geräuschemissionsprogrammes SAP_S stellt Ergebnis- und Kontrolldaten bereit, die anhand der Ausgangsstruktur des Kreissägeblattes mit einem Außendurchmesser von 50 mm und einem Innendurchmesser von 13 mm bei einer Dicke von 0,5 mm im folgenden validiert werden:

- Kenndaten des FE-Modells
  - Anzahl der Knotenpunkte: 168
  - Anzahl der Flächenelemente ΔS_i: 144
  - Elementflächengröße: $\Delta S_{min} = 4,192 \cdot 10^{-6}\text{m}^2$, $\Delta S_{max} = 2,702 \cdot 10^{-5}\text{m}^2$
  - Erregerfrequenz: Antriebsfrequenz von 300 Hz (Kombinierte Fußpunkt-Krafterregung),
  - Materialkennwerte (E, G, ν)
- Eigenfrequenzen (und Eigenvektoren): $f_1 = 1086$ bis $f_{18} = 8706$ Hz
- über die Oberfläche gemittelter Scheitelwert der Schnelle: 0,43 m/s
- Geräuschkennwerte an den 10 Punkten der ISO-Halbkugel (vgl. Abb. 5.11)
  - Schalldruckpegel: 79,37 bis 79,46 dB
  - Schallschnellepegel: 79,19 bis 79,26 dB
  - Schallintensität: 79,20 bis 79,28 dB
  - abgestrahlte Schalleistung: 87,23 dB

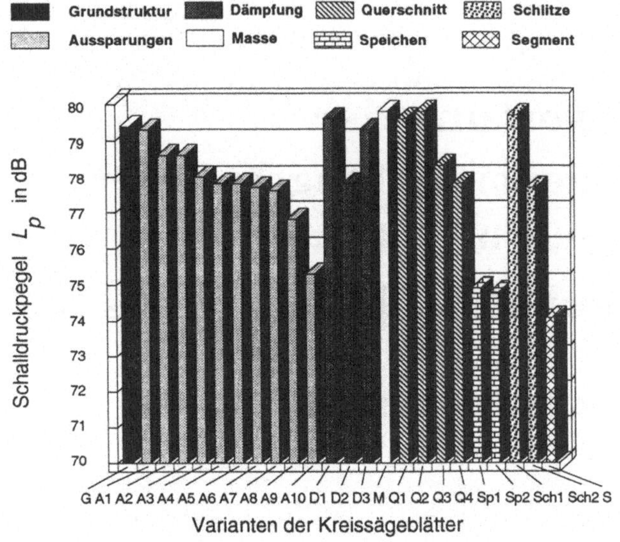

Abbildung 6.1: Simulierter Schalldruckpegel der Kreissägeblatt-Variationen

– Schalleistung aus der maschinenakustischen Grundgleichung: 85,15 dB, $\sigma = 0,0045$ des Kugelstrahlers nullter Ordnung

- graphische Aufbereitung von Schallgrößen in Abhängigkeit von der Entfernung von der Schallquelle (Plausibilitätskontrolle) (vgl. Abb. 5.16).

6.2 Neuentwickelte Kreissägeblätter

Zur Beurteilung der neuentwickelten Kreissägeblätter sollen die üblichen Geräuschkennwerte Schalldruck und Schalleistung herangezogen werden. Die graphisch aufbereitete Ergebnisdarstellung der rechnergestützten Simulation von Schalldruckpegel L_p (Punkt 1 nach DIN 45635, 1 m Abstand von der Schallquelle, vgl. Abb. 2.9) bzw. Schalleistungspegel L_W der Kreissägeblätter ist Abb. 6.1 bzw. Abb. 6.2 zu entnehmen. Die konstruktive Ausführung und der geometrische Aufbau mit zugehöriger Kennung der einzelnen Kreissägeblätter kann dem Anhang bzw. Abb. 3.14 bis Abb. 3.16 entnommen werden.

Eine Kurzinterpretation der Simulationsergebnisse ist nach Lösungsprinzipien in den nachstehenden Blöcken zusammengefaßt.

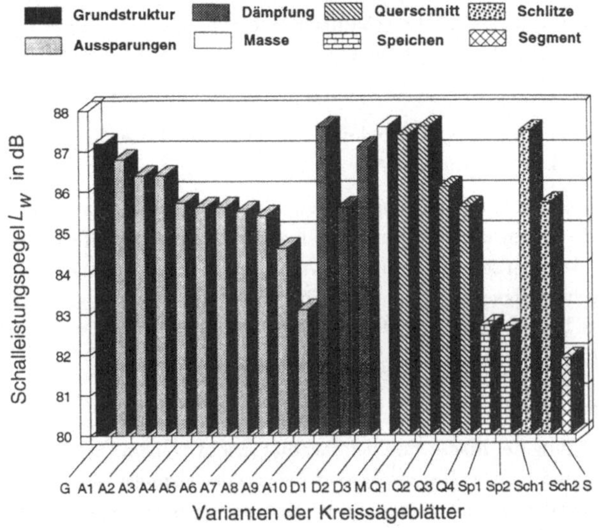

Abbildung 6.2: Simulierter Schalleistungspegel der Kreissägeblatt-Variationen

- Aussparungen (Kennung A1 bis A10, s. Abb. 3.15 a und Anhang A)

  Aussparungen vermindern die Schallabstrahlung bei jedem der untersuchten Werkzeuge. Die Ursache ist in der reduzierten Abstrahlfläche und dem reduzierten Abstrahlgrad zu suchen. Mit den hier vorgestellten Lochungen kann eine maximale Pegelsenkung von ca. 4 dB erzielt werden. Weitere Verbesserungen ließen sich durch eine Erhöhung des Lochanteils erzielen.

- Speichen (erzeugt durch Aussparungen, Kennung Sp1 und Sp2; s. Abb. 3.15 c und Anhang A)

  Die Ausbildung des Werkzeuggrundkörpers durch Speichen reduziert die Oberfläche der Struktur, den Abstrahlgrad und somit die Pegelwerte um mehr als 5 dB.

- Schlitze (Kennung Sch1 und Sch2, s. Abb.3.15 b und Anhang A)

  Dieses Lösungsprinzip verspricht keine wesentlichen Verbesserungen (1 dB). Gründe sind in dem geringen Lochanteil zu sehen. Die Abstrahlfläche wird nur geringfügig reduziert, die Biegesteifigkeit zu wenig gesenkt.

- Segmentblatt (Kennung S, s. Abb. 3.16 a)

Das Segmentblatt stellt eine schalltechnisch günstige Alternative zur Vollstruktur dar. Die Pegelminderung beträgt durch die hohe Oberflächenreduzierung ca. 5 dB.

- variabler Querschnittsverlauf, Schneidenausbildung, Dicke (Kennung Q1 bis Q4, s. Abb. 3.17 und Anhang A)

  Ein dem Momentenverlauf angepaßter, über den Radius variabler Querschnitt hat keinen erkennbaren Einfluß auf das akustische Verhalten. Der Grund ist darin zu sehen, daß sich das Abstrahlverhalten bei einer Fußpunkt- bzw. Geschwindigkeitserregung primär durch den Abstrahlgrad und die Oberfläche beeinflussen läßt. Dickere Kreissägeblätter (0,7 bzw. 1 mm) senken den Pegel um bis zu 2 dB.

- Massenbedeckung

  Einer Erhöhung der Masse sind bei Sägeblättern mit einem Durchmesser von nur 50 mm natürliche Grenzen gesetzt (Masse der Grundstruktur 8 g). Eine Verdopplung der Gesamtmasse zeigt bei dem geringen Ausgangsgewicht noch keine positive Wirkung.

- Dämpfungsschichten, Reibungsdämpfung (Kennung D1 bis D3)

  Dämpfungsmaßnahmen erwiesen sich bei dem vorliegendem Anregungsmechanismus als wirkungslos. Die Schwinggeschwindigkeits-Amplituden werden kaum gedämpft, die Abstrahlfläche nicht verkleinert.

Inwieweit Simulation und reales Abstrahlverhalten übereinstimmen, soll an dieser Stelle durch Geräuschmessungen nach DIN 45635 anhand der Kreissägeblatt-Variante A10 überprüft werden. Diese Variante besitzt 20 langlochförmige Aussparungen. Sie wurde ausgewählt, da sie

- relativ einfach zu fertigen ist,
- durch die Aussparungen knochenspezifische Vorteile wie z. B. die Verminderung von Hitzenekrosen aufweist,
- eine ausreichend hohe statische und dynamische Steifigkeit garantiert und
- die Gefahr des Verhakens, wie es bei den Speichen-Varianten auftreten kann, ausschließt.

Den experimentellen Voruntersuchungen (vgl. Tab. 2.5) ist zu entnehmen, daß das Elektrowerkzeug ohne Kreissägeblatt einen Schalldruckpegel von 73 dB(A) erzeugt

(Meßstelle 1 nach DIN 45635). Dieser Schalldruckpegel wird durch ein Kreissägeblatt mit einem Durchmesser von 50 mm (Ausgangsstruktur) auf 78 dB(A) erhöht, d. h. das Ausgangswerkzeug ist mit 76,3 dB am Gesamtpegel beteiligt (Anm.: 71 dB + 76,3 dB = 78 dB). Die Sägeblattvariante A10 hebt den Schallpegel des Elektrowerkzeuges im Experiment von 73 dB(A) auf 75,9 dB(A). Den logarithmischen Additionsregeln entsprechend emittiert die Variante A10 isoliert betrachtet einen Schallpegel von 72,7 dB(A), ist also um 3,6 dB(A) leiser als die Ausgangsstruktur. Der Unterschied zwischen dem A-bewerteten Pegel und dem linearen Pegel ist sehr gering bzw. liegt im Bereich der Meßgenauigkeit.

Die in der Simulation ermittelte Pegelminderung beträgt 4,1 dB. Dies bestätigt eine geeignete Wahl des Erregungsmechanismus (Large Mass Method) sowie eine zufriedenstellende Simulationsgüte. Bei Kreissägeblättern mit einem Durchmesser von 70 mm und einem höheren Lochanteil sind entsprechend größere Pegelsenkungen zu erwarten.

An dieser Stelle wird sehr deutlich, daß eine weitere Verbesserung auf der Seite des Antriebs zu suchen ist. Im speziellen muß dies die Komponenten Getriebe, Gehäuse und Lüfter betreffen.

6.3 Modifizierte Antriebseinheit

Das Rayleigh-Verfahren bzw. die Direkte Finite Element Methode können zur Geräuschemissionsberechnung streng genommen nur auf ebene Strukturen angewendet werden. Zur numerischen Ermittlung der Schallabstrahlung des Antriebsgehäuses wurde in Anlehnung an die zylinderförmige Gestalt des Gehäuses auf das Modell des Zylinderstrahlers zurückgegriffen (vgl. Abb. 4.8, Abschn. 4.2.4). Die abgestrahlte Schalleistung erhält man in Anlehnung an die maschinenakustische Grundgleichung bzw. Gl. (4.42) zu

$$P_0 = \rho c \; S \; \tilde{\tilde{v}}^2 \; \sigma$$

mit der zeitlich und räumlich gemittelten Oberflächen-Schwinggeschwindigkeit, die von $\mathrm{SAP_S}$ berechnet wird:

$$\tilde{\tilde{v}} = \sqrt{\frac{1}{S} \iint_S |v|^2 a \; dz \, d\Phi}.$$

Der Abstrahlgrad σ ergibt sich als Funktion von ka zu:

$$\sigma = \frac{2}{\pi \, ka \, |H_1{}^{(1)}(ka)|^2}.$$

Für das Kunsstoffgehäuse wurde die Wirkung von

- Versteifungen durch Rippen (Variante S),
- erhöhter Massenbedeckung (Variante M) sowie
- erhöhter Gehäuseschalen-Dicke (↑ 1 mm, Variante D)

in den schwingungsfreudigen Gebieten untersucht. Abb. 6.3 zeigt die Lage der Verteifungsrippen, der erhöhten Massenbedeckung und Gebiete erhöhter Wandstärken. In einem ersten Schritt wurde eine Eigenschwingungsanalyse der Gehäusevarianten durchgeführt. Tab. 6.1 zeigt die numerisch ermittelten ersten fünf Gehäuseeigenfrequenzen. Erwartungsgemäß steigen die Eigenfrequenzen mit zunehmender Versteifung an und fallen mit wachsender Massenbedeckung. In einem zweiten Arbeitsschritt wurde die Anregung seitens der Antriebswelle untersucht. Die Unwuchtkräfte des Antriebs werden über die Lagersitze auf das Gehäuse übertragen und erzeugen so ein räumliches Körperschallfeld, das in Abhängigkeit von dem Abstrahlgrad in indirekten Luftschall umgesetzt wird. Die Anregung erfolgte mit einer Einheitskraft von 1 N bei einer Erregerfreqenz von 300 Hz sowie deren Harmonischen (vgl. Abb. 2.11). Die emittierte Schalleistung der drei Gehäusevarianten M, D und S wurde über das Modell des Zylinderstrahlers (Abb. 6.4)

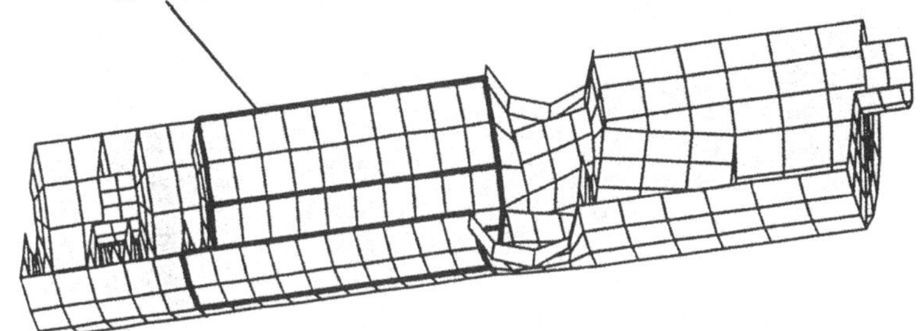

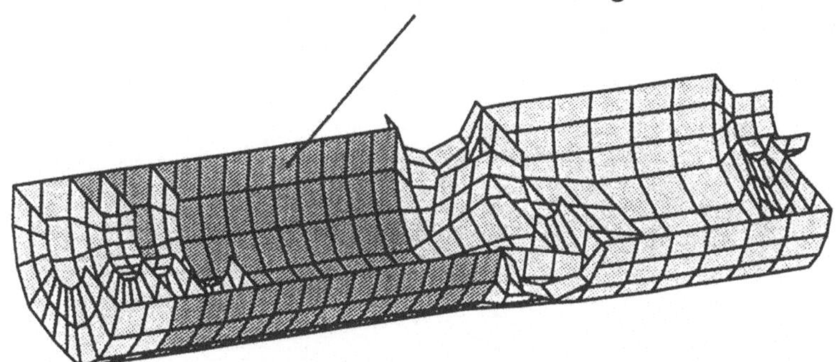

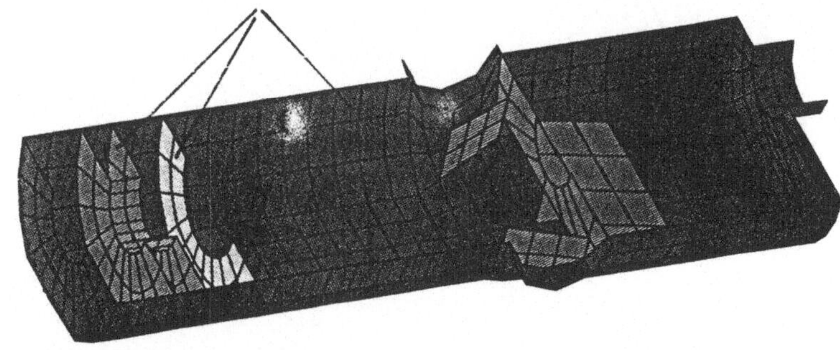

Abbildung 6.3: Versteifung (Kennung S), Erhöhung der Massenbedeckung (Kennung M) und Gebiete erhöhter Wandstärke (Kennung D) am Gehäuse des Elektrowerkzeuges

Gehäuse-kennung	f_1 in Hz	f_2 in Hz	f_3 in Hz	f_4 in Hz	f_5 in Hz
Original	682	1030	1202	1446	1626
Variante S	764	1236	1285	1674	1873
Variante D	794	1164	1236	1803	1968
Variante M	465	549	672	826	876

Tabelle 6.1: Eigenfrequenzen der Gehäuseschalen des Elektrowerkzeuges

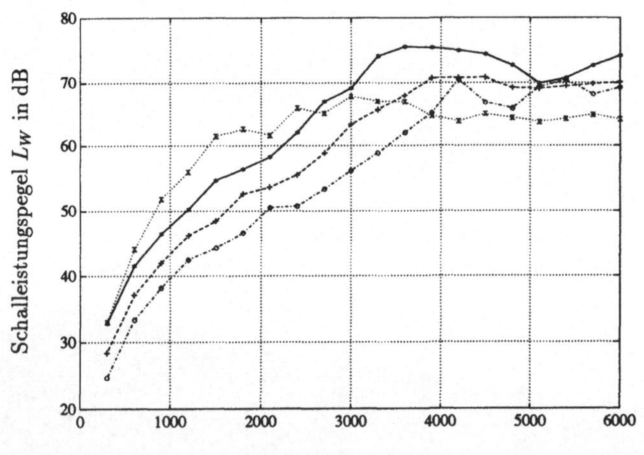

Abbildung 6.4: Simulierter Schalleistungspegel der Orginalgehäuseschale sowie der Varianten M, D und S nach dem Zylinderstrahlermodell

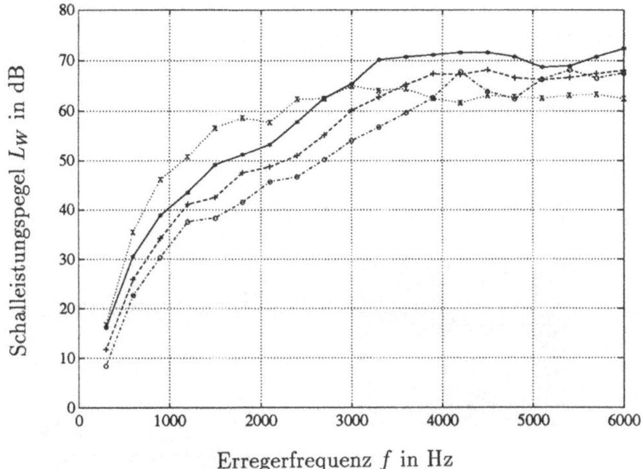

Abbildung 6.5: Simulierter Schalleistungspegel der Orginalgehäuseschale sowie der Varianten M, D und S nach dem Rayleighverfahren

und zum Vergleich über das Rayleigh-Verfahren (Abb. 6.5) berechnet. Über den gesamten Frequenzbereich betrachtet wirken sich die Versteifungen mit einer Pegelreduzierung von bis zu 15 dB am günstigsten aus. Bei hohen Frequenzen über 4000 Hz kommt die Wirkung der Massenbedeckung voll zum Tragen ($F \sim \omega^2 m$).

Für den Lüfter wurden folgende Bemessungs- und Gestaltungsregeln abgeleitet und in eine Neukonstruktion umgesetzt:

- rückwärts gekrümmte und gerichtete Schaufeln,
- Anzahl der Schaufeln von 16 auf 30 erhöht, um Obertöne in den Ultraschallbereich zu heben,
- Abstand von Schaufel und Gehäuse („Zungenabstand") um 2 mm erhöht (Turbulenzverringerung, Mindern der Umfangsgeschwindigkeit),
- Einlaufkanal ohne Schaufeln, d. h. der Ventilator ist nur außen mit Schaufelsegmenten bestückt (turbulenzärmere Einströmung).

Die Gesamtheit aller Änderungsmaßnahmen, im einzelnen

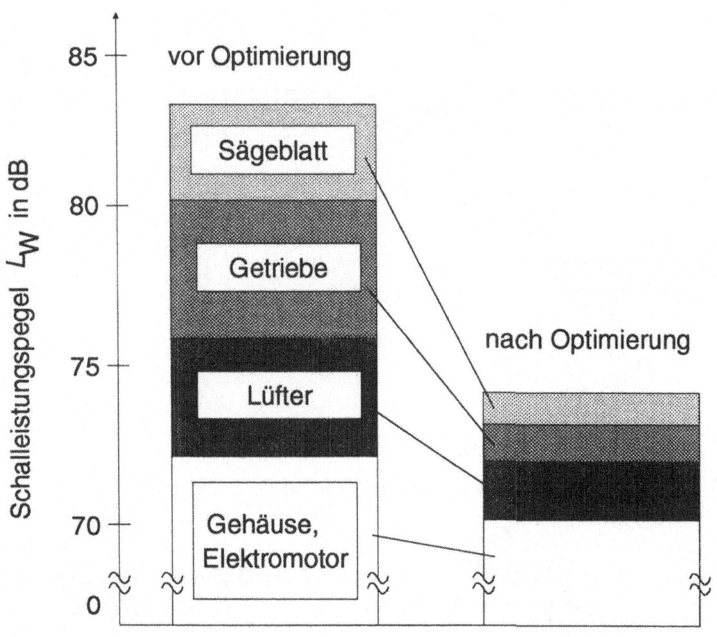

Abbildung 6.6: Anteiliger Schalleistungspegel der einzelnen Komponenten

- das modifizierte Sägeblatt (A10),
- die Versteifung des Gehäuses,
- die strömungsgünstige Gestaltung des Radiallüfters sowie
- eine Kunststoffausführung der Gabel des Exzentergetriebes,

führte zu einer Minderung des Schalleistungspegels von ca. 10 dB(A). Die Anteile der einzelnen Komponenten des Gesamtsystems Kreissägeblatt-Elektrowerkzeug am gesamten Schalleistungspegel vor und nach der Optimierung ist in Abb. 6.6 aufgeschlüsselt.

7 Zusammenfassung

Die Lärmbelastung zeigt in allen Bereichen des Lebens eine steigende Tendenz. Gründe sind in der rapiden Bestandszunahme bei gleichzeitiger Leistungssteigerung von technischen Geräuschverursachern zu suchen. Zum einen wurde versäumt, Konstruktionen schalltechnisch an die gesteigerten Leistungsanforderungen anzupassen, zum anderen fließen die wissenschaftlichen Erkenntnisse der noch recht jungen Disziplin Maschinenakustik nicht in der ganzen Breite in die Konstruktionspraxis ein.

Gegenwärtig werden dem Konstrukteur fast ausschließlich starre Rezepte in Form von Lösungskatalogen und Richtlinien zur geräuscharmen Gestaltung von Maschinen angeboten. Die bloße Übertragung von Lösungsprinzipien von einer Problemstellung auf eine ähnliche ist jedoch nicht immer erfolgreich. Durch ein rechnergestütztes Konstruktions-Hilfsmittel kann dem Konstrukteur, dem das theoretische Rüstzeug zur Gestaltung geräuscharmer Produkte fehlt, die Beurteilung des akustischen Verhaltens erleichtert werden.

Die vorliegende Arbeit soll den Kenntnisstand der Geräuschforschung ergänzen, indem sie die Möglichkeiten und Potentiale einer rechnerorientierten Geräuschminderung am Beispiel eines akustisch relativ kritischen Untersuchungsgegenstandes, nämlich anhand von Kreissägeblättern und Elektrowerkzeugen der chirurgischen Orthopädie, darstellt sowie gleichzeitig auf deren Grenzen hinweist.

Der Vorteil der Geräuschsimulation liegt in der Beurteilung der Güte einer Neukonstruktion bereits in der Entwurfsphase. Eine geeignete, zu entwicklende Simulationsumgebung soll helfen, Entwicklungskosten zu senken und Nachfolgekosten durch nachträgliches Modifizieren der Struktur zu vermeiden.

Der Grund für die Auswahl der Untersuchungsgegenstände und die Notwendigkeit sei im folgenden kurz erläutert. Die Forderung der Osteotomie und Osteosynthese nach geringen Materialverlusten, einer schnellen Durchtrennung des Knochens und einer geringen Wärmeentwicklung zur Vermeidung von Hitzenekrosen erfordert schlanke Werkzeugstrukturen. Dies führt zu Werkzeugen mit sehr ungünstigen dynamischen und akustischen Eigenschaften, die durch die hohe Geräuschemission den Einsatz aufgrund mangelnder Produktakzeptanz von Seiten des Anwenders und des Patienten erheblich erschweren.

Das Vorgehen gliedert sich in folgende Schritte:

- Vorbereitungsphase
  - Ermitteln des Istzustandes durch eine strukturdynamische und akustische Bestandsaufnahme der Untersuchungsgegenstände,
  - Fixieren des Sollzustandes durch ein Pflichtenheft,
- Entwicklungsphase
  - Klären prinzipieller Maßnahmen und deren konstruktive Umsetzung zur Lärmminderung für Kreissägeblätter und Elektrowerkzeuge, um ein unsystematisches Simulieren der akustischen Eigenschaften zu vermeiden,
  - Entwickeln eines Simulationsprogrammes zur Geräuschemission,
  - Abschätzen des zu erzielenden Maßnahmenerfolges in der Simulation,
- Erprobungsphase
  - Konstruktion und Fertigung erfolgversprechender Entwürfe aus der Simulation und
  - nachfolgende Erfolgskontrolle der rechnergestützt entworfenen Konstruktion im Experiment.

Im Detail gestalten sich die drei Phasen wie folgt:

Das experimentelle Festhalten des schalltechnischen und strukturdynamischen Istzustandes legt den Grundstein für eine Erfolgskontrolle der Neuentwicklungen durch die abschließenden Kontrollmessungen und sichert einen Vergleich zu dem rechnerisch ermittelten strukturdynamischen Verhalten (FEM). Des weiteren lassen sich dynamische sowie schalltechnische Schwachstellen ablesen. Folgende strukturdynamisch und akustisch kennzeichnende Größen wurden experimentell bestimmt:

- Modale Größen für das Kreissägeblatt (Eigenfrequenz, Lehr' sche Dämpfung, Eigenform als Kennbeweglichkeits-Wurzel-Vektor).
- Schalldruckpegel nach DIN 45635 sowie Schalleistungspegel in Anlehnung an ISO 3745 von Werkzeug und Antrieb,
- Schalldruck-Linearspektren und
- Schwinggeschwindigkeitsverteilung auf dem Kreissägeblatt und auf der Gehäuseoberfläche des Elektrowerkzeuges mittels laser-vibrometrischer Untersuchungen.

Aus elementaren Strahlermodellen, analytischem Formelwerk für die Geräuschemission von Komponenten des Elektrowerkzeuges und Grundregeln für geräuscharme Produkte wurden Bemessungs- und Gestaltungsprinzipien für die vorliegenden Untersuchungsobjekte abgeleitet. Im Falle der Kreissägeblätter kristallisierten sich folgende Lösungsprinzipien heraus:

- Aussparungen und Speichen,
- Schlitze und Kerben,
- Segmentblätter,
- Dämpfungsschichten,
- Querschnittsvariation und
- Massenbedeckung.

Die Lösungsprinzipien für geräuscharme Kreissägeblätter wurden in der Geräuschsimulation mit der iwb-Eigenentwicklung SAP_S (Sound Analysis of Plane Structures ©) numerisch getestet und bei Eignung methodisch nach Form, Lage, Zahl und Größe variiert, um deren Wirkung weitestgehend zu optimieren. Dabei wird den einschränkenden Rahmenbedingungen der Medizin und den Aspekten der Wirtschaftlichkeit und Herstellbarkeit Rechnung getragen.

Zur numerischen Simulation wurden die Neuentwürfe in Finite-Elemente-Modelle (Pre-/Postprozessor PATRAN) umgesetzt und einer linearen statischen, dynamischen (Solver NASTRAN) sowie einer schalltechnischen Analyse mit SAP_S unterzogen. Während sich die Finite-Elemente-Methode bei strukturdynamischen Analysen als hilfreiches und effizientes Simulationswerkzeug erwiesen hat, zeigte sie bei der Simulation der indirekten Schallabstrahlung in den halbunendlichen Raum keine zufriedenstellenden Ergebnisse. Deshalb übernimmt NASTRAN lediglich eine „Zulieferfunktion" für die Körperschallgrößen Schwinggeschwindigkeit und Phasenlage, Schwingfrequenz sowie für geometrische Randdaten, während über ein selbstentwickeltes Software-Interface die Körperschalldaten zu dem entwickelten Geräuschemissionsprogramm SAP_S portiert und dort der Abstrahlvorgang sowie das komplexe Schallfeld berechnet werden. Zwei Berechnungsverfahren wurden in SAP_S implementiert:

- das Rayleigh-Verfahren und
- die Direkte Finite Elemente Methode nach HÜBNER.

Nach den Rayleigh-Verfahren wird jedem finiten Element ein Punktstrahler zugeordnet, der über die Körperschallgrößen die Verbindung zu den Luftschallgrößen Druck, Schnelle und Intensität knüpft. Durch eine numerische Integration über eine geschlossene, die Schallquelle beinhaltende, Hüllfläche wird die abgestrahlte Schalleistung berechnet. Die Direkte Finite Elemente Methode beschreibt ein Verfahren, das es erlaubt, die Schalleistung eines ebenen Strahlers unter Umgehung der Hüllflächenintegration rein aus den Körperschallgrößen zu ermitteln. Es handelt sich dabei um ein schnelles, hinreichend genaues und EDV-orientiertes Verfahren.

Das Geräusch-Simulationsprogramm SAP_S wurde in FORTRAN programmiert und entsprechenden Testroutinen unterzogen. Dabei zeigten sich brauchbare Übereinstimmungen zwischen den analytisch, numerisch und experimentell ermittelten Schallfeldgrößen und energetischen Schallgrößen.

Von großer Bedeutung bei der Simulation einer Geräuschabstrahlung ist vor allem die Wahl eines realistischen Fremderregungsmechanismus der Werkzeugstruktur. Wie gezeigt werden konnte, liegt eine kombinierte Fußpunkt- und Kraftanregung vor, die mit der sogenannten 'large mass method' simuliert wird.

Die verschiedenen Lösungsprinzipien wurden in der Simulation auf Tauglichkeit getestet und bei Eignung weiter verfolgt. Dies betrifft in erster Linie Aussparungen, da sie neben einer Lärmminderung technologische Vorteile wie eine geringere Temperaturausbildung des Knochengewebes mit sich bringen. Eine Optimierung von Lage, Form, Zahl und Größe von Aussparungen führen zu Pegelsenkungen von z. T. über 5 dB. Bei Sägeblättern größeren Durchmessers, wie sie in der chirurgischen Orthopädie eingesetzt werden (75 mm), sind entspechend höhere Ergebnisse zu erwarten.

Weitere effiziente Möglichkeiten zur Reduzierung des Gesamtpegels aus Werkzeug- und Antriebsgeräuschen mußten auf der Seite der handgeführten Antriebseinheit gesucht werden. Dies betraf in erster Linie die Komponenten Getriebe, Gehäuse und Lüfter.

Die Schwachzonen des Gehäuses als indirekte Schallquelle wurden rechnergestützt nach der FEM anhand einer theoretischen Modalanalyse identifiziert und die Wirkung von

- Versteifungen an den schwingungsintensiven Zonen
- sowie einer erhöhten Massenbedeckung in den schwingungsfreudigen Gebieten

getestet. Hierfür wurden die Gehäusevarianten mit der Antriebsfrequenz fremderregt und über die berechnete Schwinggeschwindigkeitsverteilung nach dem Modell des Zylinderstrahlers die abgestrahlte Schalleistung ermittelt.

Bei der Getriebe- und Lüfteroptimierung schien es sinnvoller und auch erfolgversprechender (Nutzen-/Aufwandverhältnis, mangelnde Parameterversorgung, Nichtlinearitätseffekte etc.), den Schwerpunkt von der Simulation weg zu einem Anpassen der abgeleiteten Gestaltungsregeln an das Elektrowerkzeug zu legen. Besonders kritisch erwies sich die Kontaktzone zwischen Gabel und Exzenter des Getriebes sowie das axiale Spiel der Abtriebswelle. Eine Kunststoffausführung der Gabel sowie ein spielfreies Konzept flossen in die Änderungskonstruktion ein.

Die Geräuschemission des Lüfters wurde im wesentlichen durch eine turbulenzärmere Strömungsführung, rückwärts gekrümmte und gerichtete Schaufeln und durch eine Erhöhung der Schaufelzahl reduziert.

Die Gesamtheit aller Änderungsmaßnahmen führte zu einer Minderung des Schalleistungspegels um ca. 10 dB(A). Um die Wirksamkeit der Lärmminderungs-Maßnahmen zu unterstreichen sei daran erinnert, daß eine Verzehnfachung der Schallintensität einer Erhöhung um 10 Phon und einer Verdopplung der Lautstärkewahrnehmung gleichkommt. Eine Verdoppelung der Schallintensität und der Schalleistung entspricht einer Pegeländerung von 3 dB.

Die angewendeten Methoden und der zweckmäßige Einsatz rechnergestützter Verfahren lassen sich auf ähnliche Strukturen und Geräuschprobleme der Antriebstechnik übertragen.

Literaturverzeichnis

[1] ARNEGGER, R.: Offenlegungsschrift DE 3221855A1, Sägeblatt, 1985.

[2] BARTSCH, U: Schwingungs- und Geräuschverhalten ungedämpfter und gedämpfter Kreissägeblätter.
Diss. TU Braunschweig, 1981.

[3] BERNHARDT, U.; R. WESTPHAL: Geräuschminderung an Maschinen und Anlagen. Prinzipielle Möglichkeiten, erreichbare Wirkungen.
VDI-Z 122 (1980) 4, S. 273 - 278.

[4] BLEVINS, R. D.: Formulas for natural frequency and mode shape.
New York: Van Nostrand, 1979.

[5] BOMMES, L.: Näherungsverfahren zur Normierung und Vorausberechnung von Geräuschspektren verwandter Ventilatorbaugruppen.
FTL-Bericht 3/1/3/84, Forsch.-Ver. f. Luft- und Trockentechnik e.V., 1984.

[6] BROCKMAN, W.; M. KLÖCKER; M. WECK: Grundlagen der Schallmessung. In: Schall und Schwingungen am Arbeitsplatz. Meßtechnisches Taschenbuch für den Betriebspraktiker. Köln: Bachem-Verl., 1981.

[7] BRUEL, P. V.: Microphone Configurations used in Acoustic Intensity Probes. In: Intensity Measurements. Naerum: Firmenschrift Bruel & Kjaer, 1987.

[8] BURFEINDT, H.; H. ZIMMER; W. SARFELD; G. KLUCZYNSKI: Akustikberechnungen auf der Basis der Finiten Element Methode.
Automobil - Industrie 31 (1986) 5, S. 589 - 597.

[9] CARLOWITZ, B.: Thermoplastische Kunststoffe.
Speyer: Zechner - Verl., 1980.

[10] HECKER, R.; H. RIEDERER: Reduzierung der Lärm- und Vibrationsbelastung beim Arbeiten mit elektrischen Bohr- und Schlaghämmern.
Forschungsbericht BMFT-FB-HA 85-009.
Eggenstein-Leopoldshafen: Fachinformationszentrum Kernforschungszentrum, 1985.

[11] CREMER, L.; HECKL, M.: Körperschall.
Berlin: Springer-Verl., 1967.

[12] DAVIS, J. K. U. A.: The relationship between feed rate and Point angle of a twist drill bit when drilling bone. In: Engineering in Medicine 9 (1980) 3, S. 137 - 142.

[13] ECK, B. Ventilatoren. 5. Auflage. Berlin: Springer-Verl., 1990.

[14] EIBELSHÄUSER, P.: Rechnerunterstützte experimentelle Modalanalyse mittels gestufter Sinusanregung.
Diss. TU München. Berlin: Springer-Verl., 1989.

[15] EHRLENSPIEL, K.: Konstruktionslehre I, Grundlagen und Methodenbaukasten zum funktionsgerechten Konstruieren, Vorlesungsskript.
TU München, 1989.

[16] EICHLER, J.; R. BERG: Temperatureinwirkung auf die Kompakta beim Bohren, Gewindeschneiden und Eindrehen von Schrauben. In: Z. Orthop. 110 (1972), S. 909–913.

[17] ESTORFF, O. VON: Berechnungsverfahren für Probleme der Akustik. In: VDI-Bericht 816, S. 845-849. Düsseldorf: VDI-Verlag, 1990.

[18] EWINS, D.J.: Modal Testing: Theory and Practice.
Research Studies Press Ltd, Letchworth: 1984.

[19] FASOLD, W.; W. KRAAK; W. SCHIRMER: Taschenbuch Akustik, Teil 1.
Berlin: VEB - Verl. Technik, 1984.

[20] FINCKE, R.: Berechnung des dynamischen Verhaltens von Werkzeugmaschinen nach der Methode der Finiten Elemente.
Diss. RWTH Aachen, 1975.

[21] FÖLLER, D.: Lärmarm Konstruieren X, Luftschallabstrahlung von kraftererregten Strukturen,
Forschungsberichte 387 der Bundesanstalt für Arbeitsschutz.
Bremerhaven: Wirtschaftsverlag NW, 1984.

[22] FÖLLER, D.: Untersuchung der Anregung von Körperschall in Maschinen und der Möglichkeiten für eine primäre Lärmbekämpfung.
Diss. TH Darmstadt, 1972.

[23] FÖLLER, D.: Maschinenakustische Berechnungsgrundlagen für den Ingenieur. In: VDI - Bericht 239, S. 55 - 65. Düsseldorf, 1975.

[24] FRIEBE, E. V.: Steifigkeit und Schwingungsverhalten von Kreissägeblättern für die Holzverarbeitung.
Diss. TU Braunschweig, 1973.

[25] FUCHSBERGER, A.: Untersuchung der spanenden Bearbeitung von Knochen, Diss. TU München. Berlin: Springer Verl., 1986

[26] GLADWELL, G. M. L.: A Finite Element Method for Acoustics. 5e Congres International d'Acoustique, Liege, 7. – 14. Sept., 1965. - Kongreßband.

[27] GOERANSSON, P.: Acoustic finite element methods (AFEM) for analysis of sound propagation. International FEM-Congress Baden-Baden, IKO Software Service, Baden-Baden, (1986) Nov., S.73-85.

[28] GÖSELE, K.: Schallabstrahlung von Platten, die zu Biegeschwingungen angeregt sind. In: Acustica 3 (1953) 1, S. 243 – 248.

[29] GRUND, P.: Möglichkeiten zur Lärmminderung handgeführter Schleifmaschinen. In: Bänder Bleche Rohre, 23 (1982) 9, S. 250-252.

[30] HABENICHT, G.: Kleben - Grundlagen, Technologie, Anwendungen. Berlin: Springer - Verl., 1986.

[31] HAMM, U.: Elektromagnetische Feldberechnungen für Sensoren, Aktuatoren, Generatoren und Stellglieder. In: VDI-Bericht 816, S. 655-664. Düsseldorf: VDI-Verlag, 1990.

[32] HAUG, W.: Erstellen von Konzepten von schwingungs- und geräuscharmen Werkzeugstrukturen. Unveröffentliche Studienarbeit, iwb, TU München, 1989.

[33] HECKL, M; H. A. MÜLLER: Taschenbuch der technischen Akustik. Berlin: Springer Verl., 1975.

[34] HENN, H.; SINAMBARI, G.R.; FALLEN, M.: Ingenieurakustik; Wiesbaden/Braunschweig: Vieweg-Verl., 1984.

[35] HERMANN, J.: Über den Einfluß des Gehäuses auf die Geräuschabstrahlung von Zahnradgetrieben und konstruktive Maßnahmen zur Geräuschminderung. Diss. RWTH Aachen, 1963.

[36] HEYDT, F.: Lärmminderung an handgeführten Elektrowerkzeugen. In: WT-Werkstattstechnik, 70 (1980) 7, S. 461-464.

[37] HÜBNER, G. U. A.: Schallabstrahlungsberechnung mit der Direkten FEM. Bundesanstalt für Arbeitsschutz, Fachbericht Nr. 479. Dortmund, 1986.

[38] HÜBNER, G.: Zur Schalleistung von schwingenden, ebenen Flächen - Eine Methode der finiten Direktbeschreibung der Schalleistung alternativ zur Rayleigh/Fraunhoferschen Beschreibung. In: Fortschritte der Akustik, FASE/DAGA 82. 3. Kongreß der Europäischen Föderation der Akustischen Gesellschaften. 9. Tagung der Deutschen Arbeitsgemeinschaft für Akustik. Göttingen, 13. - 17.9.1982.

[39] IWASHIGE, H.; M. OHATA; S. YAMAGUCHI: The relationship between an improved S.E.A Method & probabilistic evaluation with discrete level for a sound insulation. In: Proceedings International Conference on Noise Control Engineering, Warszawa, 11. - 13. 9. 1979, S. 1055–1060.

[40] JANOCHA, H.: Minderung von Schwingungen und Geräuschen bei scheibenförmigen Trennwerkzeugen.
wt Werkstattstechnik 78 (1988) 6, S. 353 - 359.

[41] JENDRYSCHIK, J.: Dynamisches Verhalten rotierender scheibenförmiger Trennwerkzeuge.
Fortschritt Bericht, Reihe 11, Nr. 88. Düsseldorf: VDI-Verlag, 1987.

[42] KIRCHKNOPF, P.: Ermittlung modaler Parameter aus Übertragungsfrequenzgängen.
Diss. TU München. Berlin: Springer-Verl. 1989.

[43] KIRSTE, TH.: Entwicklung eines 30 kW-Forschungstraktors als Studie für lärmarme Gesamtkonzepte. Fortschritt Ber. VDI, Reihe 11, Nr. 43. Düsseldorf: VDI-Verlag, 1989.

[44] KLÖCKER, M.: Geräuschminderung an spanenden Werkzeugmaschinen. Ursachenanalyse, Vorgehensweise und Hilfsmittel zur Durchführung, Konstruktive Maßnahmen.
Diss. RWTH Aachen, 1982.

[45] LACHENMAIER, S.: Auslegung von evolventischen Sonderverzahnungen für schwingungs- und geräuscharmen Lauf von Getrieben. Stand der Technik, Einflußgrößen, Auslegungskriterien.
Diss. RWTH Aachen, 1983.

[46] LAMANCUSA, J. S.: Acoustic finite element modelling using commercial structural analysis programs.
Noise Control Engineering, 30 (1988) 2, S. 65-71.

[47] LAUCKNER, H.: Zusammensetzung des Gesamtgeräusches von Elektrowerkzeugen. In: Industrie Anzeiger, 106 (1984) 67, S. 24-25.

[48] LAUCKNER, H.: Beitrag zur Geräuschminderung an Elektrowerkzeugen. Untersuchung der Betriebsparameter und lärmarme Konstruktion. Diss. U Stuttgart, 1988.

[49] LAUCKNER, H.: Geräuscharmer Elektrohobel. Entwicklung und Ausführung eines lärmarmen Prototyps. In: Industrie Anzeiger, 110 (1988) 24, S. 34-35.

[50] LENTZ, R.: MSC/MOD, USER'S MANUAL (Version 1.0), Firmenschrift Mac Neal Schwendler Corporation. Los Angeles, 1988.

[51] LOMAS, N. S.; S. I. HAYEK: Vibration and Acoustic Radiation of Elastically Supported Rectangular Plates. In: Journal of Sound & Vibration 52 (1977) 1, S. 1–25.

[52] LORD RAYLEIGH: The theory of sound. New York: Dover - Verl., 1945.

[53] LUNDSKOG, J.: Heat and Bone Tissue. Diss. Göteborg, 1972.

[54] MAC NEAL, R. H.: The Nastran Theoretical Manual, Firmenschrift Mac Neal Schwendler Corporation. Los Angeles, 1972.

[55] MC CULLOCH, : Acoustic modelling in design. In: Noise & Vibration Control Worldwide, 19 (1988) 8, S. 224-225.

[56] MADISON, R.D.: Fan Engineering. New York: Buffalo Forge Comp., 1949.

[57] MAZOUCH, R.: Kunststoffe in der Medizintechnik. In: Kunststoffe 78 (1988) 9, S. 824 – 827.

[58] MICHEL D., C. KEMMNER: Geräuschemission von handgeführten Elektrowerkzeugen für die Holzbearbeitung. Maßnahmen zur Lärmminderung. Bundesanstalt für Arbeitsschutz, Forschungsbericht Nr. 380. Bremerhaven, Wirtschaftsverlag NW, 1984.

[59] MILBERG J., H.P. REHBEIN: Zusammenhang zwischen der Schallabstrahlung von Bauteilen einer Vertikal-Metallbandsäge und den Eigenformen der Maschinenstruktur. In: Industrie-Anzeiger 105 (1983) 24, S.75 – 76.

[60] MILBERG, J.; A. FUCHSBERGER: Die Bearbeitung von Knochen mit Sägewerkzeugen. In: Biomed. Technik, 32 (1987) 9, S. 214 – 225.

[61] NEISE, W.: Lärm und Lärmbekämpfung bei Ventilatoren - Eine Bestandsaufnahme.
Forschungsbericht FB 80-16. Bonn: DFVLR, 1980.

[62] NIEMANN, G.: Maschinenelemente. Konstruktion und Berechnung von Verbindungen, Lagern,Wellen. Bd. I. Berlin: Springer-Verlag, 1981.

[63] NOLTE, F. P.: Anwendung der FE - Methode in der Karosserieakustik. In: Automobil - Industrie 28 (1983) 1, S. 39 – 44.

[64] NORTON, M.P.; M. L. BULL: Mechanisms of the generation of external acoustic radiation from pipes due internal flow disturbences.
In: Journal of Sound and Vibration. 94 (1984) 1, S. 105 –146.

[65] OCHMANN, M.: Berechnung der Schallabstrahlung von komplexen Maschinenstrukturen mit Anwendungsschwerpunkt auf der Untersuchung von Gertiebegehäusen.
VDI-Berichte 816, S. 801-810. Düsseldorf: VDI-Verlag, 1990.

[66] PAHLITZSCH, G.: E. FRIEBE: Ursachen diskreter Frequenzen im Leerlaufspektrum von Kreisägeblättern.
In: Holz als Roh- und Werkstoff, 29 (1971) 1, S. 31 - 37.

[67] PATRAN Plus, User Manual, Firmenschrift PDA Engineering, Costa Mesa, 1989.

[68] PAULE, K.: Spitzenerzeugnis der Massenfertigung: Das moderne Elektrowerkzeug.
In: Schweizer Maschinenmarkt, 84 (1984) 19, S.29-30.

[69] PONSEELE, P.v.D; P. SAS; G. SNOEYS: Three dimensional sound radiation prediction modells: An overview.
Proceedings Second International Seminar on Noise Source Identification and Numerical Methods in Acoustics.
Leuven, Belgien, 1987.

[70] Proceedings Second International Seminar on Noise Source Identification and Numerical Methods in Acoustics.
23. – 24. September 1987, Katholieke Universiteit Leuven, Belgien.

[71] REICHHARDT, W.: Grundlagen der Technischen Akustik.
Leipzig: Geest - Verl., 1968.

[72] REICHERT, K.; T. TAERNHUVUD; J. SKOCZYLAS: Optimale Auslegung elektromagnetischer Systeme mit dem Feldberechnungsprogramm FEMAG.
VDI-Berichte Nr. 816, S. 675-684. Düsseldorf: VDI-Verlag, 1990.

[73] RENG, D.: Das Trennen von Metallen durch Bandsägen unter besonderer Berücksichtigung des Verlaufens des Schnittes.
Diss. TU München, 1976.

[74] RENIUS, K. TH.: Einführung in das Forschungsprojekt „Leiser Kleinschlepper". KIRSTE, TH.: Die Technik des Forschungsfahrzeugs „Leiser Kleinschlepper". Vorträge anläßlich der Präsentation des Forschungstraktors im neuen Theresianum der Technischen Universität München, 25. Februar 1988.

[75] RICHTER, H. P.: Maschinenakustische Berechnungen mit dem Programmsystem MASAK.
in VDI - Ber. 629, Schalltechnik '87.
Düsseldorf: VDI - Verl., 1987.

[76] RITZ, W.: Theorie der Transversalschwingungen einer quadratischen Platte mit freien Rändern.
Annalen der Physik, (1909) 28, S. 737 – 786.

[77] RODENACKER, W. G.: Methodisches Konstruieren.
Berlin: Springer - Verl., 1984.

[78] ROWINSKI, B.: Schwingungsverhalten und Schwingungsursachen von Kreissägeblättern.
Diss TU Braunschweig, 1967.

[79] SAECHTLING, H.: Kunststoff - Taschenbuch.
München: Hanser - Verl., 1986.

[80] SALJE, H.: Optimierung des Laufverhaltens evolventischer Zylinderrad-Leistungsgetriebe. Einfluß der Verzahnungsgeometrie auf Geräuschemission und Tragfähigkeit.
Diss. RWTH Aachen, 1987.

[81] SALJE, E.; U. BARTSCH: Entwicklung geräuscharmer Sägeblätter für die Holzverarbeitung.
HOB, Die Holzbearbeitung 26 (1979) 5, S. 60 – 65.

[82] Schalltechnik '87.
VDI - Ber. 629, VDI - Komission Lärmminderung.
Düsseldorf: VDI - Verl., 1987.

[83] SCHERGER, A.: Schwingungs- und Geräuschuntersuchungen an Trennscheiben mit metallischem Kern.
Diss. TU Hannover, 1979.

[84] SCHIRMER, W.: Lärmbekämpfung.
Berlin: Verlag Tribüne, 1989.

[85] SCHMIDT, H.: Schalltechnisches Taschenbuch.
Düsseldorf: VDI - Verl., 1989.

[86] SCHULTE-SCHWERING, W.: Berechnung von Schallpegeln im Fahrzeuginnenraum. In: VDI - Bericht Nr. 499, S. 91 – 97. Düsseldorf: VDI-Verlag, 1983.

[87] SCHULZ, G.: Konstruktion lärmarmer Erzeugnisse - Optimierung der Vorgehensweise.
VDI - Bericht 278, S. 109–122.
Düsseldorf: VDI - Verl., 1977.

[88] SCHULZE-SCHWERING, W.: Einsatz von Strukturanalyse-Methoden bei der Konstruktion von geräuscharmen Verbrennungsmotoren.
VDI - Bericht Nr. 444, S. 51–58. Düsseldorf: VDI-Verlag, 1982.

[89] SENNHEISER, J.: Ein Modell zur Bestimmung der Schallabstrahlung von Platten unterhalb der Grenzfrequenz,
Acustica 32 (1975) 4, S.244-254.

[90] SEYBERT, A. F.; J. A. HOLT: A boundary element programm for calculating the noise radiated by vibrating structures.
Proceedings NOISE-CON 85, OHIO State University Columbus (1985), S. 51 – 56.

[91] SINAMBARI, GH. R.; M. HECKL; G. JUEN: Modelluntersuchungen zur Abschätzung der Schallabstrahlung einer Hohlkastenbrücke und Kriterien der Anwendbarkeit auf andere Stahlkonstruktionen.
VDI - Ber. 629, S. 57 – 75. Düsseldorf: VDI - Verl., 1987.

[92] SKUDRYZK, E.: Die Grundlagen der Akustik.
Berlin: Springer-Verlag, 1954.

[93] SPATH, K.D.: Leistungsbeschränkende Einflußfaktoren an Metallbandsägemaschinen.
Diss. TU München, 1981.

[94] SUMMER, H.: Modell zur Berechnung verzweigter Antriebsstrukturen.
Diss. TU München. Berlin: Springer-Verlag, 1985.

[95] SYSNOISE. System for numerical noise analysis.
Dynamic Structures & Systems Ltd. Produktinformation. Rotterdam, 1990.

[96] ULBRICH, H.: Rotordynamik.
Vorlesungsskript, Lehrstuhl B für Mechanik der TU München, 1987.

[97] WEBER, W.: Vorausberechnungen der Schalleistung einer Baureihe von einstufigen Stirnradgetrieben mittels akustischer Modellgesetze.
VDI - Ber. 629, S. 41 – 56. Düsseldorf: VDI - Verl., 1987.

[98] WECK, M.: Werkzeugmaschinen. Konstruktion und Berechnung. Bd. 2. Düsseldorf: VDI-Verl., 1985.

[99] WECK, M.: Geräuschminderung an spanenden Werkzeugmaschinen. Lösungskatalog geräuschmindernder Maßnahmen. Teil 1: Maßnahmen zur Geräuschminderung an Baugruppen.
VDW-Forschungsbericht. Frankfurt: VDW, 1981.

[100] WECK, M.: Anwendung von Digitalrechnerprogrammen zur Berechnung von Maschinenteilen nach der Methode finiter Elemente. Vortrag VDW-Konstrukteur-Arbeitstagung, Aachen 1975.

[101] WECK, M.; W. MELDER: Maschinengeräusche. Messen, Beurteilen, Mindern.
Düsseldorf: VDI - Verl, 1982.

[102] WESTPHAL, R.: Untersuchung zur Geräuschentstehung und Geräuschminderung an Kreissägeblättern für die Metallbearbeitung.
Diss. TU Hannover, 1979.

[103] YOUNG, D.: Vibration of Rectangular Plates by the Ritz Method.
Journal of Applied Mechanics 17 (1950) 4, S. 448 - 453.

[104] DIN 17442: Walzwerks-, Schmiede- und Gießereifertigungserzeugnisse aus nichtrostenden Stählen für medizinische Instrumente. Berlin: Beuth-Verlag, 1977.

[105] DIN 45635, Geräuschmessungen an Maschinen.
Luftschallmessung, Hüllflächenverfahren, Elektrowerkzeuge, Teil 21. Berlin: Beuth-Verlag, 1977.

[106] Die gewerblichen Berufsgenossenschaften: Unfallverhütungsvorschrift Lärm (VBG 121) des Hauptverbandes der gewerblichen Berufsgenossenschaften vom 1. Dezember 1974.
Köln: Carl Heymanns Verl., 1974.

[107] VDI - Richtlinie 2081: Geräuscherzeugung und Lärmminderung in raumlufttechnischen Anlagen.
Düsseldorf: VDI-Verl., 1983.

[108] VDI - Richtlinie 2221: Methodik zum Entwickeln und Konstruieren technischer Systeme und Produkte. Berlin: Beuth-Verl., 1986.

[109] VDI - Richtlinie 2222, Bl. 2: Konstruktionsmethodik, Erstellen und Anwendung von Konstruktionskatalogen. Berlin: Beuth-Verl., 1982.

[110] VDI - Richtlinie 3720, Bl. 1 bis Bl. 7, Bl. 9: Lärmarm Konstruieren. Berlin: Beuth-Verl., 1980, 1982, 1978, 1984, 1984, 1984, 1989, 1990.

[111] VDI - Richtlinie 3761: Handgeführte Elektrowerkzeuge für die Holzbearbeitung. Berlin: Beuth-Verl., 1987.

[112] ISO 3745: Acoustics - Determination of sound power levels of noise sources. Berlin: Beuth-Verl., 1977.

A FE-Modelle

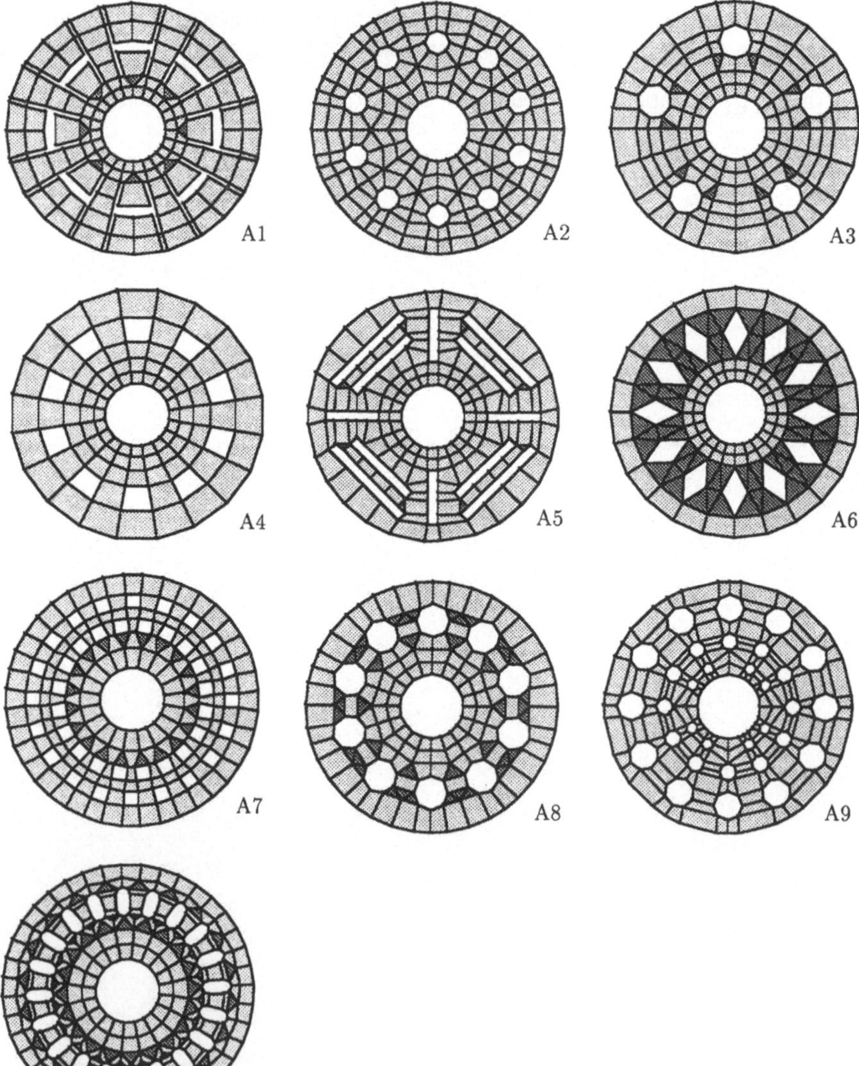

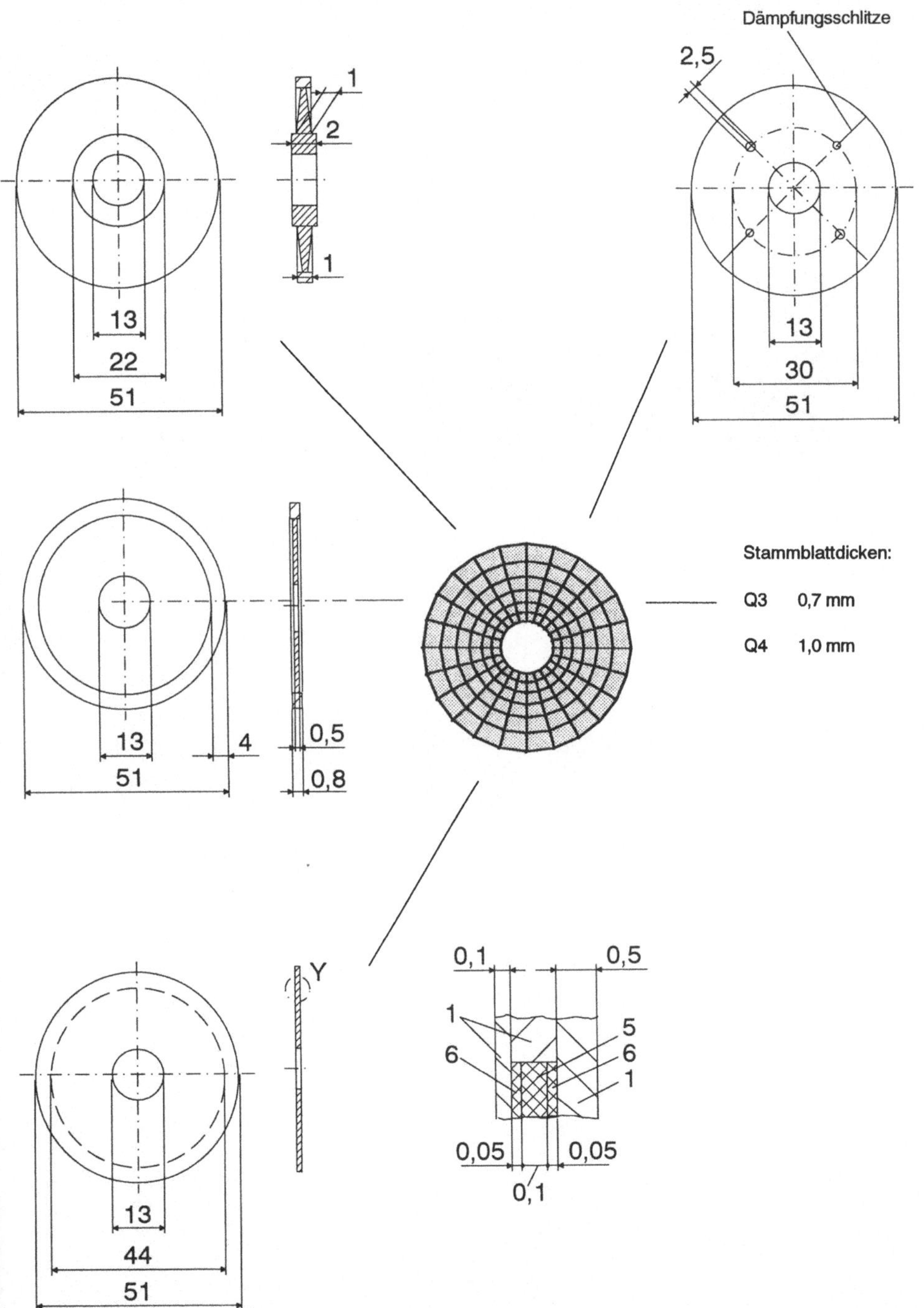
Dämpfungsschlitze
2,5
1
2
1
13
22
51
13
30
51
Stammblattdicken:
Q3 0,7 mm
Q4 1,0 mm
13
4
51
0,5
0,8
0,1
0,5
Y
1
5
6
6
1
0,05
0,05
0,1
13
44
51

Sch2
Sp1
Sp2

iwb Forschungsberichte

Berichte aus dem Institut für Werkzeugmaschinen und Betriebswissenschaften der Technischen Universität München

Herausgeber: Prof. Dr.-Ing. J. Milberg

---

1 **Streifinger, E.**
Beitrag zur Sicherung der Zuverlässigkeit und Verfügbarkeit moderner Fertigungsmittel
1986. 72 Abb. 167 Seiten, ISBN 3-540-16391-3 — 68,- DM

2 **Fuchsberger, A.**
Untersuchung der spanenden Bearbeitung von Knochen
1986. 90 Abb. 175 Seiten, ISBN 3-540-16392-1 — 68,- DM

3 **Maier, C.**
Montageautomatisierung am Beispiel des Schraubens mit Industrierobotern
1986. 77 Abb. 144 Seiten, ISBN 3-540-16393-X — 68,- DM

4 **Summer, H.**
Modell zur Berechnung verzweigter Antriebsstrukturen
1986. 74 Abb. 197 Seiten, ISBN 3-540-16394-8 — 68,- DM

5 **Simon, W.**
Elektrische Vorschubantriebe an NC-Systemen
1986. 141 Abb. 198 Seiten, ISBN 3-540-16693-9 — 68,- DM

6 **Büchs, S.**
Analytische Untersuchungen zur Technologie der Kugelbearbeitung
1986. 74 Abb. 173 Seiten, ISBN 3-540-16694-7 — 68,- DM

7 **Hunzinger, I.**
Schneiderodierte Oberflächen
1986. 79 Abb. 162 Seiten, ISBN 3-540-16695-5 — 68,- DM

8 **Pilland, U.**
Echtzeit-Kollisionsschutz an NC-Drehmaschinen
1986. 54 Abb. 127 Seiten, ISBN 3-540-17274-2 — 68,- DM

9 **Barthelmeß, P.**
Montagegerechtes Konstruieren durch die Integration von Produkt- und Montageprozeßgestaltung
1987. 70 Abb. 144 Seiten, ISBN 3-540-18120-2 — 68,- DM

10 **Reithofer, N.**
Nutzungssicherung von flexibel automatisierten Produktionsanlagen
1987. 84 Abb. 176 Seiten, ISBN 3-540-18440-6 — 68,- DM

11 **Diess, H.**
Rechnerunterstützte Entwicklung flexibel automatisierter Montageprozesse
1988. 56 Abb. 144 Seiten, ISBN 3-540-18799-5 — 73,- DM

12 **Reinhart, G.**
Flexible Automatisierung der Konstruktion
und Fertigung elektrischer Leitungssätze
1988, 112 Abb. 197 Seiten, ISBN 3-540-19003-1 73,- DM

13 **Bürstner, H.**
Investitionsentscheidung in der rechnerintegrierten Produktion
1988, 77Abb. 190 Seiten, ISBN 3-540-19099-6 73,- DM

14 **Groha, A.**
Universelles Zellenrechnerkonzept für flexible Fertigungssysteme
1988, 74 Abb. 153 Seiten, ISBN 3-540-19182-8 73,- DM

15 **Riese, K.**
Klipsmontage mit Industrierobotern
1988, 92 Abb. 150 Seiten, ISBN 3-540-19183-6 73,- DM

16 **Lutz, P.**
Leitsysteme für rechnerintegrierte Auftragsabwicklung
1988, 44 Abb. 144 Seiten, ISBN 3-540-19260-3 73,- DM

17 **Klippel, C.**
Mobiler Roboter im Materialfluß eines flexiblen Fertigungssystems
1988, 86 Abb. 164 Seiten, ISBN 3-540-50468-0 73,- DM

18 **Rascher, R.**
Experimentelle Untersuchungen zur Technologie der Kugelherstellung
1989, 110 Abb. 200 Seiten, ISBN 3-540-51301-9 73,- DM

19 **Heusler, H.-J.**
Rechnerunterstützte Planung flexibler Montagesysteme
1989, 43 Abb. 154 Seiten, ISBN 3-540-51723-5 73,- DM

20 **Kirchknopf, P.**
Ermittlung modaler Parameter aus Übertragungsfrequenzgängen
1989, 57 Abb. 157 Seiten, ISBN 3-540-51724 73,- DM

21 **Sauerer, Ch.**
Beitrag für ein Zerspanprozeßmodell Metallbandsägen
1990, 89 Abb. 166 Seiten, ISBN 3-540-51868-1 78,- DM

22 **Karstedt, K.**
Positionsbestimmung von Objekten in der Montage-
und Fertigungsautomatisierung
1990, 92 Abb. 157 Seiten, ISBN 3-540-51879-7 78,- DM

23 **Peiker, St.**
Entwicklung eines integrierten NC-Planungssystems
1990, 66 Abb. 180 Seiten, ISBN 3-540-51880-0 78,- DM

24 **Schugmann, R.**
Nachgiebige Werkzeugaufhängungen für die automatische Montage
1990. 71 Abb. 155 Seiren, ISBN 3-540-52138-0 78,- DM

25 **Wrba, P**
Simulation als Werkzeug in der Handhabungstechnik
1990, 125 Abb., 178 Seiten, ISBN 3-540-52231-X 78,- DM

26 **Eibelshäuser, P.**
Rechnerunterstützte experimentelle Modalanalyse
mitells gestufter Sinusanregung
1990, 79 Abb., 156 Seiten, ISBN 3-540-52451-7 78,- DM

27 **Prasch, J.**
Computerunterstützte Planung von chirurgischen Eingriffen
in der Orthopädie
1990, 113 Abb., 164 Seiten, ISBN 3-540-52543-2 78,- DM

28 **Teich, K.**
Prozeßkommunikation und Rechnerverbund in der Produktion
1990, 52 Abb., 158 Seiten, ISBN 3-540-52764-8 78,- DM

29 **Pfrang, W.**
Rechnergestützte und graphische Planung manueller
und teilautomatisierter Arbeitsplätze
1990, 59 Abb., 153 Seiten, ISBN 3-540-52829-6 78,- DM

30 **Tauber, A.**
Modellbildung kinematischer Stukturen
als Komponente der Montageplanung
1990, 93 Abb., 190 Seiten, ISBN 3-540-52911-X 78,- DM

31 **Jäger, A.**
Systematische Planung komplexer Produktionssysteme
1991, 75 Abb., 148 Seiten, ISBN 3-540-53021-5 78,- DM

32 **Hartberger, H.**
Wissensbasierte Simulation komplexer Produktionssysteme
1991, 58 Abb., 154 Seiten, ISBN 3-540-53326-5 78,- DM

33 **Tuczek H.**
Inspektion von Karosseriepreßteilen auf Risse und Einschnürungen
mittels Methoden der Bildverarbeitung
1992, 125 Abb., 179 Seiten, ISBN 3-540-53965-4 88,- DM

34 **Fischbacher, J.**
Planungsstrategien zur strömungstechnischen Optimierung
von Reinraum-Fertigungsgeräten
1991, 60 Abb., 166 Seiten, ISBN 3-540-54027-X 78,- DM

35 **Moser, O.**
3D-Echtzeitkollisionsschutz für Drehmaschinen
1991, 66 Abb., 177 Seiten, ISBN 3-540-54076-8 78,- DM

36 **Naber, H.**
Aufbau und Einsatz eines mobilen Roboters mit
unabhängiger Lokomotions- und Manipulationskomponente
1991, 85 Abb., 139 Seiten, ISBN 3-540-54216-7 78,- DM

37 **Kupec, Th.**
Wissensbasiertes Leitsystem zur Steuerung flexibler Fertigungsanlagen
1991, 68 Abb., 150 Seiten, ISBN 3-540-54260-4 78,- DM

38 **Maulhardt, U.**
Dynamisches Verhalten von Kreissägen
1991, 109 Abb., 159 Seiten, ISBN 3-540-54365-1 78,– DM

39 **Götz, R.**
Stukturierte Planung flexibel automatisierter Montagesysteme
für flächige Bauteile
1991, 86 Abb., 201 Seiten, ISBN 3-540-54401-1 78,– DM

40 **Koepfer, Th.**
3D- grafisch-interaktive Arbeitsplanung - ein Ansatz
zur Aufhebung der Arbeitsteilung
1991, 74 Abb., 126 Seiten, ISBN 3-540-54436-4 78,– DM

41 **Schmidt, M.**
Konzeption und Einsatzplanung flexibel automatisierter
Montagesysteme
1992, 108 Abb., 168 Seiten, ISBN 3-540-55025-9 88,– DM

42 **Burger, C.**
Produktionsregelung mit entscheidungsunterstützenden
Informationssystemen
1992, 94 Abb., 186 Seiten, ISBN 5-540- 55187-5 88,– DM

43 **Hoßmann, J.**
Methodik zur Planung der automatischen Montage von nicht
formstabilen Bauteilen
1992, 73 Abb., 168 Seiten, ISBN 3-540-5520-0 88,– DM

44 **Petry, M.**
Systematik zur Entwicklung eines modularen Programm-
baukastens für robotergeführte Klebeprozesse
1992, 106 Abb., 139 Seiten ISBN 3-540-55374-6 88,– DM

45 **Schönecker, W.**
Integrierte Diagnose in Produktionszellen
1992, 87 Abb., 159 Seiten, ISBN 3-540-55375-4 88,– DM

46 **Bick, W.**
Systematische Planung hybrider Montagesyste unter
Berücksichtigung der Ermittlung des optimalen Automatisierungsgrades
1992, 70 Abb., 156 Seiten ISBN 3-540-55377-0 88,– DM

47 **Gebauer, L.**
Prozeßuntersuchungen zur automatisierten Montage
von optischen Linsen
1992, 84 Abb., 150 Seiten, ISBN 3-540- 55378-9 88,– DM

48 **Schrüfer, N.**
Erstellung eines 3D-Simulationssystems zur Reduzierung
von Rüstzeiten bei der NC-Bearbeitung
1992, 103 Abb., 161 Seiten, ISBN 3-540-55431-9 88,– DM

49 **Wisbacher, J.**
Methoden zur rationellen Automatisierung der Montage
von Schnellbefestigungselementen
1992, 77 Abb., 176 Seiten, ISBN 3-540-55512-9 88,– DM

50 **Garnich. F.**
Laserbearbeitung mit Robotern
1992, 110 Abb., 184 Seiten, ISBN 3-540- 55513-7 88,– DM

51 **Eubert, P.**
Digitale Zustandsregelung elektrischer Vorschubantriebe
1992, 89 Abb., 159 Seiten, ISBN 3-540-44441-2 — 88,- DM

52 **Glaas, W.**
Rechnerintegrierte Kabelsatzfertigung
1992, 67 Abb., 140 Seiten, ISBN 3-540-55749-0 — 88,- DM

53 **Helml, H.J.**
Ein Verfahren zur on-line Fehlererkennung und Diagnose
1992, 60 Abb., 153 Seiten, ISBN 3-540-55750-4 — 88,- DM

54 **Lang, Ch.**
Wissensbasierte Unterstützung der Verfügbarkeitsplanung
1992, 75 Abb., 150 Seiten, ISBN 3-540-55751-2 — 88,- DM

55 **Schuster, G.**
Rechnergestütztes Planungssystem für die flexibel automatisierte Montage
1992, 67 Abb., 135 Seiten, ISBN 3-540-55830-6 — 88,- DM

56 **Bomm, H.**
Ein Ziel- und Kennzahlensystem zum Investitionscontrolling komplexer Produktionssysteme
1992, 87 Abb., 195 Seiten, ISBN 3-540-55964-7 — 88,- DM

57 **Wendt, A.**
Qualitätssicherung in flexibel automatisierten Montagesystemen
1992, 74 Abb., 179 Seiten, ISBN 3-540-56044-0 — 88,- DM

58 **Hansmaier, H.**
Rechnergestütztes Verfahren zur Geräuschminderung
1993, 67 Abb., 156 Seiten, ISBN 3-540-56043-2 — 88,- DM

59 **Dilling, U.**
Planung von Fertigungssystemen unterstützt durch Wirtschaftlichkeitssimulation
1993, 72 Abb., 146 Seiten, ISBN 3-540-56307-5 — 88,- DM

Die Bände sind im Erscheinungsjahr und in den folgenden drei Kalenderjahren zu beziehen durch den örtlichen Buchhandel
oder durch Lange & Springer, Otto-Suhr-Allee 26-28, D 1000 Berlin 10